Da Vinci, Jesus Christ, and Socrates
Appear and Speak via Waka HASEGAWA,
Owner of the Most Extraordinary Brain

ダ・ヴィンチ　キリスト　ソクラテス

出現スピーク

via 世にも珍しい長谷川わか

白石秀行
Hideyuki SHIROISHI

講談社エディトリアル

はじめに

レオナルド・ダ・ヴィンチは、初めから見ていたらしい。

これは絶対的に、頭で考えて作った創作的な本ではなく、ノンフィクションの実験ドキュメントで、同時に、事実ミステリーです。

ソクラテス『なんで愛と美の女神のヴィーナスの本人が出たんだい？』
「それは、高い天井のお風呂屋さん（銭湯）の大きな絵の背景があって、金髪の毛は四十センチぐらいで、とてもきれいなスッパダカの若い女性が出てきたから、お風呂から出る時のお湯があふれて出て、アフロ出て…って云ってると思ったのです。外国の、大学出てOLになったばかりみたいな年齢の女性だから、オフロって云えなくて、アフロって発音していると思ったのです」
『ワタシの生きていた古代ギリシャの時代では、この女神は〝アフロディーテ〟と云っていたんだ。後の時代には〝ヴィーナス〟って言うようになったんだ。それで、どうして人間みたいに出て来たんだい？』

「それは、わたしのヒ・ミ・ツ！」

長谷川わかは、人間としてはごく普通の人間で、健常者で、普通の脳の働きの他に、特別の脳の働きがあり、さらに、超時空ドローン的視聴能力があるが、ヒョッと自然にスイッチが切り替わってアメリカに移ったり、現在のヨーロッパや、その過去の時代に行ってしまう。高輪ゲートウェイの泉岳寺の大石内蔵助《おおいしくらのすけ》の墓前で、大石との話が終わったので、忠臣蔵赤穂事件の本当の問題（スッパダカの？）に関連し、パッと、父兄会をやっていた中学校の美術室の石膏のヴィーナスの所に行って、すぐフランスのパリのルーヴル美術館の大理石の《ミロのヴィーナス》の前に飛び、その辺りの、暗くなっている所に行ったと思ったら、ジャンプして街でスッパダカの若い女性が、さっそうと歩いて来た。そこは原宿のほうか銀座か青山や渋谷かと思ったら、イタリアの昔のルネッサンス時代だった。

私も長谷川わかもまったく気づかなかったが、どうもこのあたりの時点から、レオナルド・ダ・ヴィンチは、高輪ゲートウェイにおける我々のウォッチングに立ち会っていたらしいのだ。裸の女性はボッティチェリのアトリエに入って、そして、服を脱ぐ真似をして、というのは長谷川わかは見る相手の女性が超美人だと、忍術のように、服だけが消えてしまうのである。その人のファッションを見たいと思うが、すべて消える。だから、手を何か小脇に抱えた格好でハイヒールは見えないから、背伸びして歩いている。街の人は地味な昔の人の格好の服装で立ち止まって、ふり返って二〜三人で噂をしている。

「キレイね〜、あの人、フィレンツェで一番の美人なんですって」

まずはシリアスな議論をします。とばされる方は、ダ・ヴィンチへ行ってください。

目次

第三章　モンナ・リーザがどうするか
《モナ・リザ》

第四章

ミラノのダ・ヴィンチ
《最後の晩餐》

第五章

ダ・ヴィンチの手稿と仕事
《スフォルツァの巨大騎馬像》《白貂を抱く貴婦人》

第六章 実験を終えて

第七章 ソクラテスの「メッ」弁

長谷川 わか

（はせがわ わか）

霊感師、霊感業鑑札（警視庁試験）碑文谷警察印、もと「神道霊感派」助教授。
1889年生まれ　埼玉県出身　もと外交官夫人。1929年より霊感が出る。20種類以上の霊感を持つ。大脳（補足運動野）上言語野において神のトーキングがある。歴史上の人物が出現し、スピークし会話ができ、往時の歴史の謎を直接聞くことができる。キリストとはテレパシー会話が主。口と耳での会話も可能。超時空かつ超生死の双方向霊視聴ができる。装置なしでカラーテレビが視聴できる。

※本文太字は考察により重要と判断した部分

第一章

長谷川わかと私

脳神経科

長谷川わかの脳波をとっておけば、役に立つだろうと思った。

「ノーハウ?　ノーハ?」

と言って、長谷川は興味を持ったので、大きな病院へ行かせた。

長谷川の頭の中の〝神〟またはレオナルド・ダ・ヴィンチに何か質問して話が始まった時にスイッチを押せば、スピーキングのスタートポイントを示せる。

彼女は脳神経科へ行って三時間待って脳波をとってくださいと頼んだが、医者は詳しく問診を行い、

「健康で知能も優秀です。それなのになぜですか?」

と言うから、どんどんありのままに彼女の身の上に起きたことを話した。すると、

「いいですか、正常なのに、優秀なのに、幻覚があるなんていうことはありません。ここは本当に病気になっている患者さんが来る所です。三時間待って診られる時間はたったの三分なんです。患者さんも医者も大変なのに、あなたの嘘につきあっている暇はありません」

と断られた。それでも長谷川は、

「でも、わたしの脳の研究のために、とっていただけないでしょうか」

と頼むと、その医者は
「私は大学の医学部を出て、ちゃんと国家試験に合格して医者になったのです。医者に見え透いた嘘をつくとは、一体どういう魂胆なんだ。あんたは嘘つきだ。気が狂っているんじゃないか！」

と怒り出した。

「狂っているなら余計に脳波をとって診てください」

とくり返し頼んだ。ついに医者は、

「あんたは正常だ！　正常なのに何を言うか！　何かが視える？　聴こえる？　九州から北海道、地球の裏側まで分かるって？　外国の昔のことまで分かるって？　いいですか？　私はこの病院に長くいて経験も実績もあるんだ。あなたは大嘘つきだ！　医者をバカにしている！　帰れ！　帰れ！　二度と来るな！」

と叫び、絶対的に長谷川を追い返した。


残念だった。

その後その医者は廊下で彼女に会うと立ち止まって目を白黒白黒した。

その脳神経科の医者は、彼の上の医者から何か言われたらしいのである。その上の医者は、恐らく長谷川の超特別脳について、少し分かっていたのだ。

数学者ラマヌジャン

インドのノーベル賞級の数学者でシュリニヴァーサ・ラマヌジャンという人物がいる。尊敬する数学者の藤原正彦先生は、天才ラマヌジャンの才能の思考プロセスを正当に追求されたく、実際に二度インドに行って調査され、書籍にまとめている。

アインシュタインの相対性理論をはじめとする科学的発見は、その人がいなくとも、十年以内には誰かが発見しただろうといわれてきた。しかし、ラマヌジャンの思いつく数学定理は、ラマヌジャンでなければ永久に人類から生み出されることはなかっただろうといわれている。理工系の人は、機会があれば彼の数式をぜひ見ていただきたい。数式を見なければ感じられないことだが、神からの∞《むげんだい》の世界を見下ろすような非常に美しい数式であり、こういった∞の世界をどうやって見下ろすか、まったく考えが及ばない。これらの数式は三千余りある。ラマヌジャンの仕事は、数学界のノーベル賞といわれるフィールズ賞に相当する。当時はまだフィールズ賞がなかった。

ラマヌジャンは、母親からナーマギリ女神を教えられた。ナーマギリ女神とは、インドの多神（三神中心）のうち、ヴィシュヌ神の化身の妻である。カーの『純粋数学要覧』という本がある。大学初年級までに習う六千近い定理が証明なしで並べてあるような本だが、ラマヌジャンは、これを借りて、自力で証明しつつ学び、数学の芽が伸びたという。

ラマヌジャンと同じエリアの数学者で、ケンブリッジ大学の教授だったゴッドフリー・H・ハーディは、何度もラマヌジャンに手紙を書き、ケンブリッジに来るように説得した。しかし、「海を渡ってはならぬ」というバラモンの戒律が理由で、ラマヌジャンの母は、彼が海外に行くことに猛反対していた。ところが、ある夜、息子が西洋人に囲まれている夢を見た。その夢の中で、

『外国に渡って大成しようとしている息子の邪魔をしてはならぬ』


という女神の声を聞いた。このことがきっかけで、ラマヌジャンは、母の許しを得てイギリスへ渡った。

ケンブリッジ大学に来たラマヌジャンは、ハーディと絶妙のコンビとなった。対象や内容は違うが、ラマヌジャンを長谷川わかとするなら、ハーディは私に相当するのだろうか（甚だ……ですが）。

ラマヌジャンの思考は、答えが自然に浮かぶのだという。夢の中でナーマギリ女神が新定理を視聴覚的に教えてくれる。自分では証明できない。

ハーディはそれを断固否定した。ハーディは、ラマヌジャンも普通の数学者のように頭で考えているに違いないと思っていた。この絶対的な信念は変わらない。変えたら数学的でない。すべての数学者、科学者はそうなっている。

当初いかなる応用も見込まれなかった分割数やモジュラー形式に関する彼の美しい公式は、現在、素粒子論や宇宙論にまで影響を及ぼし始めている。いまや、ラマヌジャンを研究することが重要な時代となってきた。こういうことが知りたく、私は数学と物理学の間の所に興味を持ってきた。

だが、これは数学・物理学だけについてのアウトプットの応用のみではない。私は、ナーマギリ女神は「数学神」というニックネームが適当だろうと思う。ラマヌジャンは、寝ている間に自分の知らない定理を女神が次々と教えてくれるので、起きて、忘れないうちにノートに書きつけたという。

ハーフ・アンド・ハーフ

ハーディはラマヌジャンの話を信じなかったが、私は長谷川の能力の可能性に興味を持ち、積極的に長谷川の能力と応用法を調べた。サイエンスのみでは証明できない部分も積極的に解明しようと、実験をくり返した。

長谷川は、そもそもごく普通の人間だった。普通に結婚し、夫はルーズベルト大統領に似ていて、茶の師匠のような洗練された雰囲気の男だった。しかしその夫に、源氏物語的に浮気をされ、心労から夜眠れなくなり、ノイローゼになった。それがきっかけで、ある種の訓練をした結果、時空を超越して、様々な事物を視聴できる感覚を得た。

簡単な記号や絵が視える、というのとは違い、芸術的な絵を視たり、その絵を描いた画家やモデルが出現したり、出現した相手にその絵の隠された情報を質問して詳しく知ることもできた。

長谷川は、般若心経《はんにゃしんぎょう》の「亦復如是《やくぶーにょーぜー》。」を「亦如是《やくにょーぜー》。」と略す。彼女は五十日間の断食をやった時、歯が全部抜けてしまい、若入れ歯となった。このため発音が一年に二回くらい変になった。〝神〟はこれを彼女に詫びたと聞いた。五十日間水も飲まない完全断食は、人の限界を超えた。聖書に、イエスは四十日にして空腹を覚えた、となっているから、四十日から四十五日が人間の限界である。これはデータとして伝えたい。

長谷川は、自分ほど世にも珍しい体験をした人間はなく、自分の特別な脳について記録してもらいたい、平林たい子氏のような小説家に自分の小説を書いてもらいたいと思い、自分の固有の〝神〟に願いをかけた。すると、

〈ではお前のために書記を連れてきてやろう〉

という返事を受けたという。このことは、かなり後になってから長谷川から聞いた。その書記というのが私である。しかし、私としては単なる書記だけではないつもりだ。

長谷川が亡くなった後のことだが、私自身も三度ほど、サイエンスでは説明がつかないような体験をしたことがある。

夜寝ていると、Ｂ４～Ａ３程度の白い紙が視え、紙の輪郭ははっきりとしていて、そこに数式が書いてあった。印刷された文字ではなく、数式は細かくはなかった。夢とは思えないほど、非常にシャープに視えた。ラマヌジャンは、こういうふうに視たのだろうと思った。

選挙で誰が当選するのか、無理に問われた時は、自分は関係ない、としている。夜寝ている時に夢の中で、顔の入った全然見たこともないポスターを視せられた。紙の輪郭も色もシャープだった。そして、そのポスターの顔の人物が当選した。

貴乃花の兄、若乃花はなかなか優勝しなかった。関心はなかったが、ある日の昼間、自宅の二階から玄関のほうへ続く階段を降りようとした時、玄関に紋付き袴の若乃花が座っていて、ちょんまげ頭でこちらを向き、手をついて拝礼した。階段を降りて居間のテレビをつけたら、若乃花がちょうど国技館の土俵で、ふんどし姿で大きな優勝カップを受け取った所だった。これは若乃花が初めて優勝した時だった。

長谷川わかと私は、二人合わせて一人前の調査員だ。私も自力で視たことがあるので間違いはない。私たちはハーフ・アンド・ハーフ、貢献度は各五〇％。

数学者は、一年で平均的に六個の定理を発見するという。ラマヌジャンは一夜で六個の定理を発見し、ハーディに持ってきた。ハーディは証明役だったのか、彼ら二人も、私たちと同じく二人で成果を出していた。ラマヌジャン一人でも駄目、ハーディ一人でも駄目、二人合わせて何人前かの数学者であったのだと思う。

私も昔、実験物理学者に、学者は一年に五〜六篇は論文を出さないと駄目だと聞いたことがある。今では科学も進んで高度になっているから、また共同プロジェクト等あるから一概には言えないと思う。

ラマヌジャンとワカ・ハセガワ

誤解を恐れずに言えば、アインシュタインの脳が分解保存されているけれど、多分、超優秀な数学物理学者＋人間性……としか結果は出ないだろう。しかし、ラマヌジャンと長谷川の脳は、別の構造進化があるはずだ。

将棋の駒に例えて、ラマヌジャンを「飛車《ひしゃ》の裏」とすれば、長谷川わかは「角行《かく》の裏」であろう。

ラマヌジャンとワカ・ハセガワの境遇の比較

	ラマヌジャン	ワカ・ハセガワ
国籍	インド	日本
職業	数学者	霊感師
宗教	ヒンズー教	神道霊感派・助教授
固有神	ナーマギリ女神	名のない神（神道）
学校	高校程度（独学）	小学校高等科卒業
海外経験	イギリス	なし
結婚	あてがい婚	見合い
half&half	ハーディ	白石秀行

ラマヌジャンとワカ・ハセガワの脳の比較

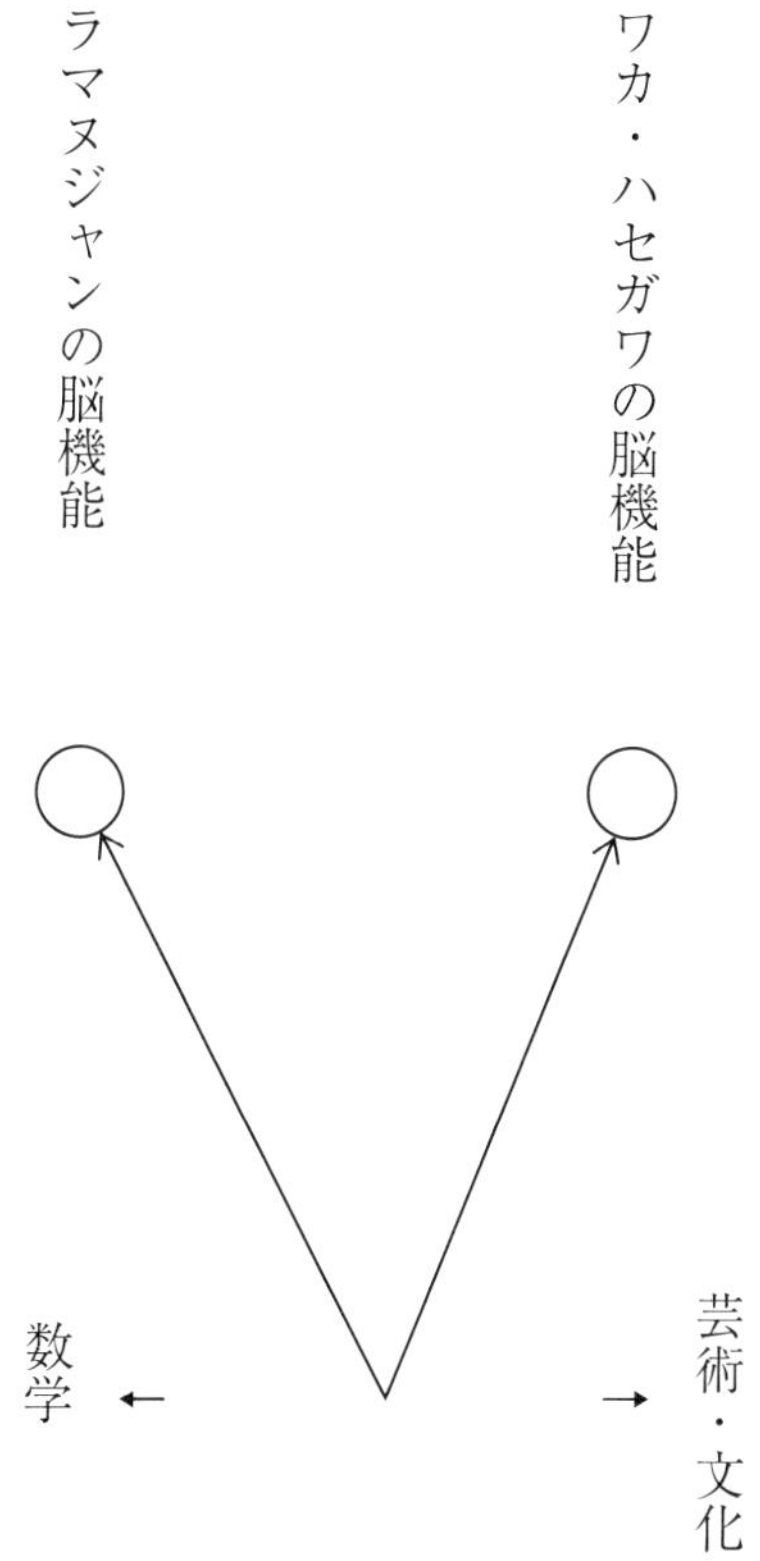

第二章

ダ・ヴィンチ出現

《受胎告知》

マリアが立ち上がる？

いま東京で、空気中・空間に三次元で……ルネッサンス時代の画家やモデルや絵画を視ている。しかし、落ち着いてよくよく確かめよう。

：　質問します。その《受胎告知《じゅたいこくち》》の絵で、天使から『おめでとう、受胎されました』って告知を受けたら、マリアが恥ずかしがって、「あら、いやだわ」なんて、身体をねじって立ち上がるなんて……、とても、そういうの、ありえないでしょう。違うパターンで視えている絵はありませんか？

「え？　もう一つ別の絵ですか？」

長谷川わかは、いままで視ていたボッティチェリの絵から、惰性なのか、なかなか、視線を外せなかったのか。そして、七、八秒経過した。

「……いま、さっきとは違う別ので、やっぱり題材は同じで《受胎告知》の絵というのが、視えてはいますけど……」

：　じゃ、そっちのほうの絵もよく視て、教えてください！

「こっちのはボッティチェリじゃない、違う人が描いたのです。

『これはレオナルド・ダ・ヴィンチという画家が描いた絵である』

って。そうわたしの頭の中で、〝神〟が云っています」

　彼女の大脳上言語野（ＳＭＡ補足運動野）でそう言っている。そこをスピーカーとして、彼女の〝神〟が話す。彼女の〝神〟というのは、天照大神《あまてらすおおみかみ》等多くの神々と同じく、本拠は地球上空一万メートルの所で、透明体で、ジェット旅客機等は透過する。天空にいたり、地上の神社にいたり、彼女のそばにいたり、向い側にいて彼女の顔を見ていたりする。彼女の要求によって他所を見に行ったりもする。

〝神〟とはニックネームだと思っておけばいい。開けていて、第二次世界大戦が始まる前、聖母マリアが悲しそうな顔をして一日中空中に出現し、太平洋戦争前、大天使ミカエルが従者二名とともに長谷川わかの自邸の上空に半年くらい出ていた。家に入ると視えなくなり、外へ出ると上空に出ている。出っ放しになっているのか、彼女が家から出て上空を見る時だけ出現するのかは分からなかった。上空に出ていて彼女が家へ入る時消えるのかを調べようとして、家へ入ったり出てみたり、何べんもしてみたが、まったく分からなかった。

　当時、警察が思想的にやかましかったので、他言することはできなかった。

：　そのいま視えている絵の大きさは、どのくらいで、内容はどういうのですか？　分かりますか？

「これ、大きさは、縦一メートル、横二メートルぐらいです。

こっちのほうの《受胎告知》では、今度はマリアは立ち上がってなくて、向かって右の椅子に、ちゃんともっと落ち着いて、建物の前に台を置いてあって座っていて……。

それで、この建物は、東京駅のほうにあるみたいな風格のある建物です。あっちじゃ、丸の内オフィス街じゃ、風格を持たせるために、わざと昔の古めかしいデザインの建物を建てたりしていますが、ですから、かえって、こういうのは妙ですけど、逆に、ここに視えている建物は、近代的な建物に視えます。

それで、丸の内のオフィス街の建物みたいな前で――っていっても――そういうように見える当時の個人の邸宅ということでしょうが。そしてマリアが、いままで、そこに座っていて本みたいな大昔の聖書っていうことでしょう、それを読んでいたっていう状態で座っています。そこへ天使が来て、

『おめでとう。受胎されました』

って告げています」

長谷川わかはまた言った。

「この絵は精密の極致というぐらいに描いてあります」

そして、右手を右に振った。

「こっち側の右のほうにいるマリアさんの頭に、これ、後光《ごこう》ってわけでしょうけど、まる

いので、頭のテッペンにちょっと載っています。大きさは、お正月に火鉢でおもちを焼いていた金網ぐらい。でも、筋が縦横の桝目になった針金の網じゃなく、筋が中心から発していて金色です。

これに似た団扇が田舎にありましたが、周りにまるい枠があって、持つ棒が団扇の中心まで入って、中心から竹の芯が放射状のがあったんです。中国だかのおみやげだったかしら。そういうので、棒はなくて紙も貼ってなくて、筋の骨だけで金色なのが、マリアの頭のテッペンにちょっと後ろに傾いて付いています。

そして天使は左のほうにひざまずいていて、大きい茶色の鷲の羽根みたいな羽が付いているの。天使の頭の後光は、筋はあって、まるい縁はないです。百合の花みたいのを持って、そして、マリアに「受胎告知」をしましたというところなんでしょう。こうやって、わたしが九字を切るみたいな手の指の格好をしています。これは、マリアさんを祝福しているんです。

それから、遠方に田舎の屋敷にあるみたいな植木があって、それで、地面の足元は、草がいっぱいになっています」

ダ・ヴィンチがそこにいる

また、こう言った。

「それで、いま、その絵を描いた画家が、ここに立っていて視えています」
長谷川わかは不思議なくらいに平然と言う。

彼女は、こうして、一般の人が視えないものを視るのはいつものことで、自分としては、当たり前のことだし、様々なことが、とてもよく当たる。日本の警察の歴史上ただ一人だけ、犯罪調査能力の実地試験に合格し、霊感カテゴリのメートル原器として無理やり鑑札を与えられ、警察から奨励されて、この方式で長くやってきているから、どうということはないのである。

そして、人間に未知なことを実験して証明し、知ることができる情報工学実験の上で、幸いなことに、彼女は、あまり人物の名を知らない。古今のＶＩＰが出ても、その人物や事物の文化的価値や意義が分からない。そこを、「無知」という初期値として、私は非常に珍重する。

あることについて、「無知」の状態から徒手空拳《としゅくうけん》で、野原の真ん中みたいな所でやって、一定時間が経って「既知」状態になれるか？　世界中の一般人を代表して、主観的な物ではなく、誰も知らない客観的な事物を対象にしてＧＥＴし、できるだけ科学的な観点からロジカルに、突っ込んで調査していく。同時にそれができる彼女の超脳＆超視聴覚の働きについて、科学的研究をやっている。

……その、先生、いま視えている姿は、画家の肖像画ですか？

「いえ、この本人の生きている人間自身です」

……どこに立っていますか？

「この石の敷いてある所です」

ここのスペースの左側へ曲がっていく、二メートル先に立っているという。

長谷川わかは言っている。

「この姿がここにいるの、あなたに本当に視えませんか？　わたしを科学的に実験するので視えているのに視えないって嘘を言ってるんじゃないでしょうねえ」

……いえ、視えません。本当です！

「こんなにもハッキリと、ここに現れて立っているっていうのにねえ。おかしいわねえ、なんで、わたしだけに、こうしてよく視えて、あなたに視えないんでしょうねえ。実際、不思議なこともあるもんだ……」


長谷川わかは深刻な顔をしている。

何でも視えて分かる彼女の特別な脳と、超レベルの視聴覚が、他人から理解されないから、金庫が開かなくて困っているから開けてあげると、逆に「番号を知っているなんてあやしい。泥棒だ」と断定され、噂され、ぜんぜん関係のない人々からもいじめられる。

また、「長谷川わかの超時空の視聴力や〝神〟のトーキングと制御並びに諸ｂｅｉｎｇ

の3D出現スピークの事実」というのが、医者にも学者にも絶対的に理解されないから、彼女をいじめるのが正しいとされる。

「わたしの脳を理解してくれたのは、前にも後にも、あなた一人です」と、長谷川わかは言った。無から有を生ずることはできない。しかし、彼女の場合、**情報ならそういうことはない**。


：　どういうふうに、視えているのですか？

「あなたが初めてうちへ来た時、自動車のエンジンが故障したから、塀の前に自動車を停めさせてくださいって来たでしょう？　あの時三〇分前に、うちの玄関にあなたの姿が現れたみたいによ」

ちゃんと足が付いて立っていて現れている。

「それで、いま、こう云ってるの。

『ウォータシはレオナルド・ダ・ヴィンチという名前です』

って。自分で名乗ってそう云っています。この、いま、ここに立って視えている本人が云っています。もうこれ、生きている人間を目で見るのと、ぜんぜん変わりません」

厳密さを保ちながら、長谷川わかと協力しながら、彼女の脳を解明するのに諸事、リトリーヴしていく。この日も、ちょっとでも変だと追い飛ばしたり、くどくどテストしつくしたから、この段階では、システムとしては、確実である。

：　身長はどれぐらいに視えますか？

「外国人ですから背が高いのでしょう。すっと立っていて……レオナルド・ダ・ヴィンチの身長は一七三センチあります」

：　年齢はいくつぐらいですか？

「さあ、ちょっと視て、七十歳ぐらいに視えますが、髭が生えて老けて見えますから、六十五、六ぐらいの時の姿かしらね」

普通の人が他人を観察しているように、自分に視える像を観察しながら言っている。

：　どういう様子ですか？

「このひとは、ただの絵描きというより、哲学者か思想家っていう感じですね。頭が良くて威厳があるような感じのひとです。いつも、誰でもわたしに視える時は、そう出て視えるみたいに、ここの空間に立体で立って視えていて……。

これ、レオナルド・ダ・ヴィンチ本人です」

：　足はありますか？

「足あります。当時のズックみたいな靴を履いています」

そのズックのデザインを調べ始めたが、時間がかかるから中止した。ズックの周りは東京の地面である。

：　髭はどうなっていますか？

「こういっぱいあって、白です」

灰色と思っていたが。

：　髭の長さは？

「顔の縦の長さと同じぐらいです」


ここで、私は、脳・生体式のタイム・マシーンのテストパイロットをやっている。いや、逆タイム・マシーンか。レオナルド・ダ・ヴィンチがここに来ているのだから。

ヴェロッキオ親方の工房で

「あ、何か云っているわね」

：　なんて云っていますか？

「さっき《ヴィーナスの誕生》の女性が、ルネッサンスの街を素っ裸で歩いてきて、ボッティチェリのアトリエに入っていって、絵を描かれていて……。そして、わたしたち、ヴィーナスのことを話していたでしょう。それで、レオナルド・ダ・ヴィンチは『自分は、絵を、ボッティチェリが習ったのと同じ先生から習っていたんです、ヴェロッキオ親方の工房で』

って。そう云っています。同学年かどうかは、分かりませんが。当時ですから、絵をやっている親方の工房の同窓生ってことでしょうね。

『工房って、書斎と中小企業の工場を一緒にしたみたいなものです』

って。……それで、いまこう云っています。

『自分もボッティチェリも《ヴィーナスの誕生》のモデルのシモネッタのことを知っているし、関心があるから来て聴いていたんです。《受胎告知》の絵なら、ボッティチェリの、そういう、慌ただしいものじゃない、もっと、そういう内容に相応しい、自分の描いた落ち着いた絵を見てもらいたいと思っていたら、ちょうどそちらのほうで、そういう絵はないかって探し始めたから、自分も云いたいから出てきたのです』

って。レオナルド・ダ・ヴィンチが

『そういうふうに、そちらとこちらのタイミングというか、呼吸が、ぴったり合ったんです』

ってよ」

と、長谷川わかは、自分の耳に聴こえているのを、すぐそのまま言った。

：　じゃ、ここで、さっきからウフィッツィー美術館のことや、《ヴィーナスの誕生》のモデルについて実験していたのが、レオナルド・ダ・ヴィンチに聴こえていたというのですか？

「『そうです』

って」

：へー、そういうことがあるなんて。そういうものなのですかねえ。この現実の世界で、まさかと思いますが……

まったくの、世にも稀なる偶然中の偶然がおこった以外に考えられない。私としては、これが長谷川わかの脳についての初めての野外実験だった。こんなの、ありうるか？　と思いつつ……。

でも、元来、この実験の思想として、知る対象が、人間にとって未知の新事実をＧＥＴするものでなければ意味はない。一見、ありえないようなことのほうが、実験のしがいはある。だから、出現ゲストとして大歓迎する。

：確認します。本当にそうですか？

「そう。……わたしも、なんだかね、さっきから、ボッティチェリの実験をやっていたら、

『《受胎告知》の絵なら、こっちの自分の絵に、注意を向けて視てください』

って、そう云われているような、誰かがそう思っているような、感じはしていたんですけど……。

『こういう絵も描いたのです』

って。いま、その絵が、ここに視えています」

長谷川わかが、彼女の声で言っているから、オリジナル・スピーカーが誰なのかは、訊いてみないと分からない。

：それ、先生固有の〝神〟が云ったのでしょうか？

「いえ。このひと、レオナルド・ダ・ヴィンチです。

『こういう女性を描いたんです』

って。これ女性です」

：その、いま視えている女性は、生きている人間ですか？　それとも絵ですか？　そのどっちですか？

「絵に描いてある女性です」

：それ、描いた絵だって、どうして分かったのですか？

「視えている映像が固定されていて動きませんし。それに、

『これは絵だ』

って云っているし……絵の縁も視えています。ちょっと前まで、人物本位で視ていましたから、額縁は、分かりませんでしたけど」

：その、それ、視えている絵ってどういう絵ですか？

「こうやっているの……」

と言いながら、長谷川わかは、左下のほうから、左腕を、胸の前のほうに上げて来たと思ったら、ポン！　と、その上に右手を重ねた。羽織の袖の上から腕をたたく音が、小さいが、力強く、物理的に聞こえた。

彼女は普段は洋服だったが、この日は、黒い羽織姿だったから、一瞬、この空間にモナ・リザ本人が現れたかと、うたがった。

「こういう格好をして座っていて、着ているものは緑色で、胸の所が広く開いていて――でも、そういっても、変にだらしなくそうなっているというのではないのです。着ている洋服がそういうデザインなのです。

『こういうデザインが当時流行っていたんです』

って。そして、うすい黒っぽいベールみたいのをかぶっています。――そして、神秘的みたいに上品にほほえんでいます。絵の背景は野外で、遠景みたいになっています」

長谷川わかの能力こそ神秘なのに、その神秘の脳を持つ本人が、一見神秘的には見えるが普通のはずの女性を「神秘的」と表現するので、私は逆の方向にショックを受けた。《モナ・リザ》の絵を、誰でも決まって「神秘的」とか「謎の微笑」とかいう。

ヴィーナスに続いてモナ・リザも出たか。現象ばかり体験させられ、肝心のメカニズムが分からない。今朝、もう実験をやめてしまおうかと思った。キリをつけたいし、ゆっくり考える時間もほしい。考える余地がないのが苦痛だ。

：　その女性の年齢はいくつぐらいですか？

「これは何といっても絵ですし、それに、このひと、ちょっと年齢が分かりにくいのですけど。《ヴィーナスの誕生》のモデルの裸の女性と、中年の間ぐらいかしら……。

『〳〵**モンナ・リーザ〜、ウォータシ〜のリーザ〜……**』

って云っています。レオナルド・ダ・ヴィンチが」

うまく言えないが、長谷川わかは、昔とても好きだったのにいまは逢えなくなってしまった、恋する人を呼ぶように、やるせないような優しい声で言った。

普通、通訳というのは無表情に訳すものだが、長谷川わかは自然の通弁であって、云っている様子も、言葉づかいも感情も、話者の身の動きもそのまま自然に出る。映画の弁士みたいなわざとらしさはまったくなく、自然である。出現者そのものの話し方である。そうやっているから、話者その人の気持ちが通じて、とても分かりやすい。

「それで、こう云っています。レオナルド・ダヴィンチは、今立っている所から話していて耳に聴こえるんだけど、

『この女性は、自分が逢った時、すでに別の人と結婚していたのです。それで、自分はこの絵をとても大切にしていて手放さずに、ちょっと移動する時でも、引っ越す時も持って歩いて、ずっと死ぬまで持っていました』

って……。いまで言ったら、恋人の写真を大切にしてずっと持っているっていうようなものでしょうね。

『これは、いま、フランスのルーブル美術館に飾られている絵である。日本でも、世界でも、よく知られている絵である』

って、わたしの〝神〟が云っています。わたし、こういう絵があるって、ぜんぜん知らなかったのですが。そういうふうに、いま、頭の中で云っています」

これは、長谷川わかの大脳上言野で聴こえている。

長谷川わかは「モナ・リザ」という言葉を知らなかった。だから、この後も、レオナルド・ダ・ヴィンチが、そう発声したとおりに、「モンナ・リーザ」のまま通していく。レオナルド・ダ・ヴィンチが、そういうふうに云うのだから、そのほうが、正しいだろうと思う。この段階で、私は「モンナ・リーザ」というのは固有名詞なのか、ニックネーム的なものなのか、判然としないままだった。彼女には余計なことは教えない。

：　長谷川わかの〝神〟が話すのと、レオナルド・ダ・ヴィンチが話すのとを比較したらどう違いますか

「声が違います」

と長谷川わかは言った。

「わたしの〝神〟の声は男の声で威厳があります。そして、わたしの〝神〟の姿は決して視えるということはなくて、それで〝神〟の声はわたしの頭の中のテッペンで聴こえます。

そして、レオナルド・ダ・ヴィンチのほうはどうかというと、――このひと、さっき二メートルぐらい前方だったのが、話しているうちに、だんだん……知らない間に寄って来ていて、いま、一メートル半ぐらいですが――そこで白い髭が動いて話して、そこから口で、普通に、人間が話しているみたいなの。

わたしの〝神〟が、わたしの頭の中で話すのと、そっちの地面の上でレオナルド・ダ・ヴィンチが話している場所と、そして、聴こえる場所も、頭の中の上のほうか耳かで違いますから、ハッキリ、明確に、区別されていて、分かります。

それから、レオナルド・ダ・ヴィンチの話している声は、声の質はヨーロッパ人で、それから、このひとの口が「へ」の字みたいになっていて、しゃべる時に、口から下のほうの髭のほう、カールしているってまでじゃないけど、左右に波みたいに、白くゆらゆら髭の毛がなっている所が動くから、そこの口でしゃべっているって分かります。そこから声が空気中を伝わってくるように、わたしの耳で聴こえます。ですから、普通に人間が話しているのを聞いているのと、ぜんぜん違いはありません。

そして、話す時に、とくにジェスチャーしなくても、誰だって直立不動の姿勢で、「キヲツケ!」ってして直角に立って話すのじゃないですから、話す時、自然に息吸ったりして身体も少しゆれますが、そういうふうに動きます。ですから、まるで生きているみたいなんです、レオナルド・ダ・ヴィンチがわたしに視えるのは。いつでも誰であっても、そうですが」

：質問します。その、レオナルド・ダ・ヴィンチは、昔の外国人で日本語を知らないのに、日本語が通じるのですか？

「そうです」

質疑応答

視えていた女性の絵を、どういう絵かたずねてみると、長谷川わかは、「こうやっているの」と右手を左手にポンとのせたから、一瞬にして、この絵は《モナ・リザ》の絵で、画家はレオナルド・ダ・ヴィンチと、大体確定した。まだチェックする機会はある。

私は、少年時代に、一方的にダ・ヴィンチに馴染みがあったから、挨拶をして、一般の人間側を代表してひと言でも質問して答えを得ておかなければならないという義務を感じた。しかし、質問を思いつかない。それで、小学生の時、中学生のNから「ダ・ヴィンチは怪獣を描いた」と聞かされて長年抵抗を感じて来たので、これを訊く。何も訊かないで終わるよりはましだろう。恥ずかしいが、思い切って、大きく息を吸い込んでから、大きい声を出して言ってみる。

：　レオナルド・ダ・ヴィンチ先生！　質問したいのですが、どうして怪獣を描いたのですか？

もう言った。責任は果たした。後はどうなろうと、運命次第。

「『怪獣は描きませんでした』って。レオナルド・ダ・ヴィンチがそう云っています」

と言い、長谷川わかは私を見た。じゃ、自分自身よ、さあ言え。

：　じゃ、それと別に、モンナ・リーザの絵の背景が怪獣みたいなのは、関係ありますか？

「……

『左下のほうの、オレンジ色みたいに赤みがかかっている所ですか？』

って、これレオナルド・ダ・ヴィンチが、あなたに質問していますけど……」

その《モナ・リザ》の絵を私が写真で見たのは相当前だったから……。

：　忘れました！

ダ・ヴィンチからのリスポンスは非常に良い。向こうから、意味の通じる質問をしてくるところをみると、レオナルド・ダ・ヴィンチの出現スピークは馬鹿ではない。生きている人間と、あまり、変わらない感じがする。知能、精神と理性があって、それは、長谷川わかからも私からも完全に独立している、とはっきり分かる。

「レオナルド・ダ・ヴィンチが、

『そこの所は怪獣じゃない。たまたま、そうなっているように見える風景だったのです』

って」

すると、やはり、ダ・ヴィンチが怪獣を描いたというのは間違いだったのだろう。

：　レオナルド・ダ・ヴィンチ先生！　先生のお描きになった、その《モンナ・リーザ》の絵が、どこかに飾ってあるらしいですが、知っていますか？

「『知っています、視たことがあります』

って」

：　どこで視ましたか？

「『その絵の飾ってある場所です』

って」

：　それ、場所はどこですか？

「『フランスのパリにあるルーブル美術館で視ました。特別の部屋になっていて、廊下みたいになっている所でした』

って」

内心で、自分だけ分かればいいようなものだが、そういうQ＆Aや議論があったという証拠にならない。嘘だと言われればそれまでである。だから、客観化しておくために訊いておく。主観的に頭の中の思考や記憶に留めておくだけでなく、外部に、宇宙DB（エンマデータベース）に記録しておけるように。あとで、再実験者が引用できるように。ただし、疑われないためにいうと、私は、手に一切持っていず、ノートも本もテープレコーダーも何も持っていない。当時のテープレコーダーは、四十キロくらいあって重いし、操作などしていられない。それに、何かと疑われる。当時携帯電話は、開発されていなかったから、実験上良かった。開発可能の見込みがついたのは、ずっと後の、一九七〇年以降であろうか。

：　どうして視に行ったのですか？

「レオナルド・ダ・ヴィンチが

『この絵は、自分にとって一番大切な、かけがえのない絵ですから』

って、そう云っています」

私は、「かけがえのない」という言葉のもったいぶったわざとらしい響きに、日常反発を感じていたので、ダ・ヴィンチの意味する所を正確にするべく、かつ、自分の常識として、この言葉の使い方を知りたくて、たずねた。

…「これがなくなったら、壁の額に架けかえる絵がもうない」ということですか？

「レオナルド・ダ・ヴィンチが、

『いえ、そういうのじゃなく、かけがえというのは、もう、コレ一つしかないです。これを失ったら絶対的に代わりがない、もう、絶望だ、生きる希望はない、ということです』

って」

そういう答えがあった。

「『これは、カジノとかでやっている賭け事だったら、掛けるほうのプラスチックみたいなチップじゃなく、受け取るほうのもの。宝くじで言ったら、当たって受け取る賞金のほうです。この賞金じゃなければ、自分として受け取る気はない。受け取ったって仕方ない。価値ないことです』

って。

『フェスティヴァル、お祭りの縁日でやっていてコルクの玉の鉄砲撃って、人形を撃ち落としてもらうのあるでしょう。そういう時、他のに当たるか、外れて、〝くまさんじゃいやだ、この人形じゃなきゃ、いやだ、他のじゃ、絶対にやだ〜〟って、お嬢さんが、だだこねてやっていたりしますね、そういう感じです。それ、きまりだから、別の、社会的に認められているミス・イタリアみたいな、美女を百人か二百人連れてきて、〝レオナルドよ、かわりにこれやるから、これで我慢しなさい〟と言われても、絶対にいやだってことです』

って」

：　それ、先生（長谷川）が、代弁したんですか？

「そうじゃないです。レオナルド・ダ・ヴィンチが、自分でいま、本当に言ったんです」

：　じゃ、レオナルド・ダ・ヴィンチ先生は、明るいですけれども、シェークスピアにおける、デンマークの王子ハムレットの亡き父王の出現みたいな状態でも〝物理的な世界の、物体である絵〟を視えるんですか？　そういうの、一般人としては、到底考えにくいですが……

「『視えます』

って」

：　目のレンズがなくて、網膜がなくとも、視えるんですか？

「『何でも視えます。聴こえます、何でも』

って」

シャノンの情報理論では、情報の内容は一切無視する。『情報理論の光学への応用』（M教授）でも、映像内容については完全に無視する。これはこれで仕方ないが。そういう専門は、そういう専門でやっていただければいいが。

でも、私の希望は、違う所にある。その頃、人工知能による数学定理を証明していたK教授と話して、アメリカのＮＡＳＡに関連する学者から丸の内ビルぐらいのＩＣチップを使った、超高速の方法を私にも求められたが、私は、データ計算のスピードに専心するより、むしろ、内容本位に、３Ｄ情報ＧＥＴできる人工知能ロボットなどが大事だった。三次元カラー・ホログラフィックみたいなＩ／Ｏのできるコンピューター・システム。その先、どうできるか不明だが、そういうもの。

理想をいうと、「未来の発明」みたいに、部屋や会場の真ん中に３Ｄ動像で出現活動するもの。

巌流島に佐々木小次郎本人が待っていて、やがて宮本武蔵本人が小舟でやって来て、佐々木小次郎と決闘して勝ち、小舟で引き上げて行くもの。その本人たちとちゃんとＱ＆Ａ（質疑応答）で話ができるもの。

エジプトの古代女王クレオパトラ本人と相互に話せるもの。

織田信長、その他武将、古代の人々。本人たちにいろいろアスクできるもの。

教育番組の教授や解説者ではなく、歴史上の事実の当事者本人とＱ＆Ａできて議論できて、人間の全然知らなかったことを教えてもらって知ることができて、公共的にも学術的にも、有益な効果のあるもの。そして、倫理、公序良俗に従うもの。

そして考えるに、長谷川わかという女性は、その脳と生体は、生体科学的にそのように進化している、と、本当に感じる。

彼女の脳の、そして、過去の外国の超生体みたいのが来て、私は「VIA長谷川わか」で接している。こうなって来るのだが。

実は、一九九五年にくる神戸地震の通報は確実に証明しながらやることは決めているが、データ・ギャザリングばかりやらされて過去の事件も分かって来て、日々のことで予言が次々に当たることばかり証明させられていて、一向にこういう超特別脳の脳科学が分かりようがない。「人間は神の領域を調べようとしてはいけないのだ」と禁ぜられるばかり。

それでまいってしまい、この日は、現代のものは中止して、現代と関係ない状態にいたいと思って、物見遊山的にブラブラ的に気晴らし的に、やって来ていたのだが……。

：　他の絵も、他の外国の美術館でも、日本でも視えますか？

「『視えます』って」

じゃ、いまいるそこの外国の都市の街の様子、いろいろな建物、人々とか、物体とか視えますか？

「『視えます』って」

：　その辺りの街では、具体的に、いま、何が視えますか？

「『道路や街路樹、商店、大きい河、橋、電車、自動車とかです。歩いている人も、店先でコーヒー飲んでいて、話している人々も視えます』

って」

：　レオナルド・ダ・ヴィンチ先生、その大きい河というのは、何という河ですか？

テストというより、常識として知っておきたいし、訊いている。一九六二年である。

「『セーヌ河です』

って」

：　どういうふうに視えますか？

「『広いゆったりした河の流れで、風があるのか波も少しあって、橋があって、昔からの街灯もついていて……。そして高い塔（エッフェル塔のこと）もあって、みんな普通に視えます』

って」

このようなことは、この日、この時点までで、生前は極端な断見（死んだらそれきりという考え）であった大石内蔵助をはじめ、非常に多く出ていて、大いに会話し、会話は100％成功している。

：　じゃ、ルーブル美術館で、その時レオナルド・ダ・ヴィンチ先生のそばにいた見学者の姿は視えましたか？

「『視えていて、聴こえていました。その人たちが話している内容もわかりました』」

：　見学者は、何て言っていましたか？

「『この絵を良い絵だって言ってくれていた』って、レオナルド・ダ・ヴィンチが。このモンナ・リーザの絵のことです」

と長谷川わかは付け加えた。

脳と内臓

：　レオナルド・ダ・ヴィンチ先生は、目も耳も脳もないのに、どうして視えて聴こえて、考えられると思いますか？　これ、非常に、まじめな重要な話なのですが……

「『思考力、あります、どうしてなのかは理解できないけれども……。でも、いまも、あなたがたのことも視えて聴こえて、話している内容ということだったら、完全に理解できます』って。これ、〝あなたがた〟って、わたしとあなたのことですが」

と、長谷川わかは、超時空の同時通弁として、コメントをした。この場合、日本語から日本語なので同時通訳ではなく、同時通弁である。

「『自分の云うことが本当に正しく云えたのか、正しく伝わったかどうかって自分で思っていても、答えがちゃんと適切に返ってくるから、間違いではないです』
って」
：　いま、長谷川わかの特別脳と視聴覚の能力と、それから私自身ですが、あくまでも、論理としては科学的でありたいって思う精神で協力して、二人の才能を半々に出して補い合って、こういう実験をしています。教えてください！　そちらから、こちらに云う時は、天使だか聖人だか、神だか、それとも長谷川わかみたいな、何らかの通訳みたいな、何らかのｂｅｉｎｇを経由しますか？
「『そういうのは経由していません』
って」
：　じゃ、どうやってしゃべれるのですか？
「『ただ言うと云えるんです』
って。そう。わたしに現れるのは、いつも、みな、そうですけどね」
：レオナルド・ダ・ヴィンチ先生！　身体の存在感はありますか？
「『あります』
って」
：　ルーブル美術館では、どのへんで、《モナ・リザ》の絵を視ていたのですか？

「『特別室になっていて、歩いて行ってみんなの観ているのと同じ位置で立って、人々に一緒にまざって視ていたのです』

って。これは〃国家の間〃というので、光沢のある廊下みたいになっていて、そこの壁につけてあって……」

長谷川わかは自分で絵を視えていて、そう言っていたが、この画家もモデルもイタリア人のはずなのに、フランスの国家の間と言っているし、また、特別な立派な部屋だと言っているのに廊下だと言っているし、どうもわけが分からない。しかし、こういう絵の飾ってある様子は、あとで将来、私でなくとも、誰かが図書館などの資料で探せば出ている可能性があるかもしれないし、人知の範囲のことであるから、私の詮索する範囲でないと思って、スキップした。長谷川わかの特別脳システムを、もっと有益に使いたい。

：　ルーブル美術館の、その見学者たちに、レオナルド・ダ・ヴィンチ先生のほうから声をかけましたか？

「『何も云わないで、黙って視ていただけです』

って」

：　どうして声をかけませんでしたか？

「『話して通じるとは思っていませんでした』

って、レオナルド・ダ・ヴィンチが。

『でも、あなたがたがボッティチェリ《ヴィーナスの誕生》で、さっきやっていたのを視ていて参考になったんです』

って、そう云っています。

『自分に参考になったってことです』

って」

：　レオナルド・ダ・ヴィンチ先生！　何が参考になったんですか？　変ですよ。それって反対じゃないですか？　こっちのほうが私たちのほうが、未知の情報ＧＥＴの実験上、情報工学上、非常に参考になっているのですが！

こういうのはまじめに食いついていいと思った。

「『参考になったというのは、言葉が通じることです』

って。

『さっき、そちらで、ボッティチェリや《ヴィーナスの誕生》のモデルのシモネッタがやっているのが、そちらに聴こえていて、そして、自分のほうから何か云うと、そちらに聴こえて、ちゃんと答えてもらえて、話ができるっていうことです。

それから、話す言葉が違う言葉であっても、原語の種類に関係なく相互に通じて、一言も漏らさず、意味内容が完全に通じるっていうことです』

って」

：　こういうの、どう思いますか？

「『機械はないけど、思想とか、構想だとかいうのと違いますが、すごいことだと思います。お二人とも驚くべき実験をされていると思います』

って。

『本気でそう思います』

って」

：　それは名誉に思います！

また質問してみる。

：　レオナルド・ダ・ヴィンチ先生。私が話すのは、この長谷川わかが通弁しないでも、じかに聴こえますか？　私の言ったことを、長谷川わかがくり返すとか、または心の中で彼女がくり返して念じて発射するというプロセスを経なくとも、聴こえますか？

「『聴こえます。あなたが話したとたんに瞬間に分かります』

って」

私が訊いたとたんに、0．5秒とかからずに、レオナルド・ダ・ヴィンチは実践で私に示した。

：　レオナルド・ダ・ヴィンチ先生は、身体や内臓、神経はあるって感じますか？

「『あるって感じます。胸をたたくとドンドンして身体に響くし、力いっぱい腕をつねると相当痛いです。歩けて、走れます』

って」

：　脳はありますか？

「『あるって感じます』って」

：　脳の研究はしましたか？

「『脳を、胃みたいに、一つの内臓としては考えていましたが、神経的な機能は分かりませんでした。そういうのを考え始めると、分からないし、考えているうちに、絵のこととか、自然界のことなど、自分の手記に書き記したことなど（考える内容）に、どうしてもなっていってしまうので、できませんでした』って」

：　失礼かもしれませんが、これ、実験なので。レオナルド・ダ・ヴィンチ先生は、ご自分では、知性とか思考力の自覚はありますか？

「『あります』って」

自然科学での普遍性や再現性とはちょっと違うが、こういう普遍性と再現性で、確かめる実験をしてもいいのではないだろうか。

たとえば、普遍性については、古代・現代を問わず、出現者の日本人・外国人でも相互に談話交際できる。

再現性については、くり返しいろいろやって来たし、また、別の例として書道にたとえていうと、唐の顔真卿《がんしんけい》は楷書、行書、草書に巧みで、何度書いても書が美しい。現代でも字がうまい人は、何べん書いても字が上手だろう。手を骨折したら書けなくてよい。だから人の世界のことでは（物理現象、化学現象等は一般に別にして）普遍性、再現性は成立しているといえるのではあるまいか。

だから、長谷川わかのごとき人間を実験考察する場合は、特別能力のある人々にしぼって行い、普通能力の人は対象に入れないほうがよい。デューク大学のESP実験のライン博士の、誰でも彼でも連れてきて、厳密実験と精密実験をやってみたところで、内容的に成果があったとは言い難い。実験内容もマーク当てだけじゃ……。五枚に一回のみに簡素にしてスクリーニングに使うならよい。

：視力、聴力、言語力、理解力、感情ありますが、それだけだと駄目でしょう。注意力、意志、記憶力などもありますか？　真実でないことを云われると致命的に困りますから、厳正に云ってください！

「……レオナルド・ダ・ヴィンチが
『そういうのあります』

って。

『周りに注意しているから、そちらで話していた内容が分かって、〝自分の絵を視てもらいたい〟意志があるから来たんです……。自分が生きている時のことも、当時描いた絵のことも、それから、考案したり構想したことも一つ残らず、何でも憶えています』

って、いまそう云っています。

『試しに、何でも質問してみてください』

って。レオナルド・ダ・ヴィンチが
『自分を試して実験してみてくれ』

って、そう云っているの、あなたに。

『自分もそういうのに関心あるから、よろこんで実験台になりますから』

って」

ダ・ヴィンチへの試験

じゃ、さっき、レオナルド・ダ・ヴィンチは《受胎告知》の絵で遠景のことを云ったが、考えて描いた絵の端っこの、主題でない部分は、映像情報として意味はないし、面倒で分かりにくかったので、無視した。それを、レオナルド・ダ・ヴィンチの、記憶と脳力を確かめるために、あえて質問してみる。

：　さっき、《受胎告知》の絵で〝空気遠近法〟について質問しませんでしたが……普通の遠近法は知っていますが、〝空気遠近法〟がなぜ必要なのか分かりませんが？

しばらくの間、長谷川わかは横を向いたまま、しばらく立っていた。知らんぷりしているように見えた。

やはり無理なのか。

「いま、レオナルド・ダ・ヴィンチが教えてくれましたけど、わたしが理解した範囲で云ってみると、

『普通、近くにあるものを大きく、遠くにあるものを小さく描けば距離感は出ます』って。

『それで、こういう〝空気遠近法〟というのは、大気の所が全部真空の透明だったら、できません』

って、そう云いました」

長谷川わかが横を向いて立っていたのは、レオナルド・ダ・ヴィンチが説明しているのを聴いて理解しようとしていたのだ。空気振動はないから、私には聴こえなかったが、結果的に、確かに、美術をやっている人には既知だろうが、私も長谷川も知らない情報が、そこに目の前の偏透明な存在、長谷川わかには視えて、私や普通の人には視えない存在であるレオナルド・ダ・ヴィンチから、通常スピーキングで、かなり理解しやすく伝わっ

た。

「それで、背景の環境が山とか樹木とかの、不定形のもので、大小が様々のものを描く時に使うんですって。もし、絵を描く対象の辺り一帯に朝もやとか、薪を燃したみたいな青っぽい煙が立ち込めているとすると、――わたし、娘の時、こういうことがあったんです。自分で経験しましたけど、朝、朝もやがあったり落ち葉をたき火してそのへん一帯に青い煙になって、そういうことありましたけど。

朝もやがあっても、煙があっても、すぐそばにあるものは、ハッキリ見えるでしょう。比較的近い所にあるのだったら、比較的はっきり見えます。そして、途中のものは、半分くらいに、はっきり見えます。もっとずっと遠くにあるものは、もやや煙が濃く重なって、こういうのに隠されてぼやけてよく見えません。

ですから、距離の度合いに応じて、二倍に遠ければ二倍だけ、五倍なら五倍、より青っぽく描くとか、よりうすくぼやかして描けば、これで比例的に、遠近を表せるのです……」

どうして普通の遠近法じゃ駄目で、〝空気遠近法〟が必要なのか、そんなの要らないのではないかと反発した。すると、レオナルド・ダ・ヴィンチはこう答えた。

常識的な建物や家具みたいな四角い構造物だったら、普通の遠近法が使える。しかし、山とか樹木とかの、不定形で大きさもまちまちのものが遠くや近くにある場合、形を大小にしても、遠近は表せない。遠くにある巨木は、近距離にあると錯覚されてしまう。近くに小さい木があってもぼかして描くと、遠くにあると錯覚される。

だから、そういうのを防ぐために、技法を開発したのだという。スマート画法も開発したと言った。


なるほど、確かに思考能力、記憶はある。〝言語能力〟もこういうのは、美術の人には知られているが――でも、いま、こっちが教えられている。教育能力もある。

また、こういうように、生物物理学的に、スピーキングで教えられないと、そして、ディスカッションできないと、内容的にロジックでチェックして耐えうるのでないと、絶対に困る。

こういうのは人間に分からないことを知るテストであるから、学者や研究者が既に知っている対象では意味がない。

もっともっと難しくて、私たちが未知で、学者も誰も知らないことを教えてもらう必要がある。

GETしてみる事項のリアルがあいまいとか、出現スピーカーのIQが人間より下なら即、追放する。

第三章

モナ・リーザがどうするか

《モナ・リザ》

実験の価値

長谷川わかが右手を左手にポンと載せて、「絵はこういうの……」とやったから、この画家はレオナルド・ダ・ヴィンチであり、絵は《モナ・リザ》とかなり確信した。それで、その時の必要範囲では、済んだから、気を離していた。

このあと、違うこととの調査を、今後どういう方針でやっていくか、下を向いて考えていた。

淡路島北沖を震源として、一九九五年に来るという「神戸地震」（これは一九九五年に実際に来て、後に「阪神淡路大震災」と名づけられた）。長谷川わかの〝神〟の予言（予言日：一九六二年七月二十四日）及び、長谷川の体感（体感日：一九六二年十一月三日）による、と、地震の強さと被害程度は、神戸中心で被害大。淡路島も大阪北部も範囲に入るとのこと。この対策として、地震学の本を探す、地震学の勉強をする、そして科学的に耐えられる根拠をもって神戸方面機関に通告できるように準備すること。また、具体的証明を出せるようにすること。そして、地震学者と検討できるようにし、市の機関へ通告すること。

超脳の、生体としての神経系の働きを調べ、その脳の働き自体を勉強、考究し、かつ、自然科学との直接的つながりを考究すること。

自分の学んだ、その後発展した理論物理学の更新の勉強。

日本古代史の長谷川協力のリトリーヴ実験の方法のこと。

会社の残業のこと。


「あの……」

長谷川が声を出していたらしい。少し遅れて気がついた。私はこの時、もういい、やめる、と言って断ろうとした。

「あの～、

『あのう』

ってレオナルド・ダ・ヴィンチが云ったのよ。レオナルド・ダ・ヴィンチが
『この女性を、こういう所で、椅子に座っているところを描いたのです』

って、そう云っています――いま、ベランダみたいな所が視えているのですけど」

終わりにしたつもりのレオナルド・ダ・ヴィンチが〝情報を持って追いかけて〟云ってきて、長谷川が中継した。

忙しい。つき合っていられない。

……でも、まあ、仕方ない。美術一般というのは、そして、とくに西洋美術、イタリ

ア・ルネッサンス美術は、広く一般の人々、若い人にも女性にも男性にも、関心が高いだろうし、日本人だけでなく、ヨーロッパなど、国際的にも広く、知りたい人々があるだろうし。

ヨーロッパでもアメリカでもアジアでも、レオナルド・ダ・ヴィンチが出て、自分で自分の作品について説明をしたということは、聞いたことはないし、やる価値はあるかもしれない。

しかも、3Dカラー映像で出現して、当事者と双方向に話せて、Q&A、詳しくディスカッションができて、内容は具体性がある。ルネッサンス美術史の、画家やモデルの個々人から〇・一級特別資料の生情報を得られている。日本でないと、できないことかもしれない。

もはや永久にない機会ではある。

美術だけではない。いろいろな分野で文献レベルで分からないリアルな情報をGETできるという可能性を示す実験になるかもしれない。

そして、情報工学としては、未来のコンピューターの事前シミュレーションである。どういうのかは、Xであり、通常いわれる事前調査というのとは、一〇〇％違う。文献レベルの調査を事前調査というなら、これは、逆の意味での価値のある事前調査である。今やる実験結果が今までなかった文献になる。

もともと第一の実験の目的は、特別の脳の働きや、未来型の動く3D肖像の情報コンピューターの予備の基礎知識として、データ収集をやっている。第二は、それをやりつつ、脳機能と超視聴覚を考える。

絵や彫刻は、複雑でないシンプルな対象だから、動く肖像&パノラマIT探究の、テスト資料としては、比較的楽だろうから、思い直してもう少し聴いてみる。

レオナルド・ダ・ヴィンチとのやり取りを全部、長谷川わかの超特別脳と、超時空視聴力並びに私の質問力、理性、判断力、記憶力とでやっている。

モンナ・リーザの柱のダンゴ

長谷川わかは、「モナ・リザ」という言葉を知らない。絵を見たことも、話を聞いたこともない。そのほうが実験の初期条件として非常によい。

はじめは、電卓をクリアするように、未知の新知識GETの制度向上のために、まったく何も教えない。万が一、こういう内容の実験をやるなどと言ったら、彼女が人に入れ知恵されてノイズになり、あとの実験が不可能になる。だから終わっても教えない。長谷川は自分の脳の証明をしてもらうのだから、彼女自身も命をかけている。だから、私も彼女も、実験のことも結果も誰にも言わない。

ここで長谷川と私の関係は、次のようである。

①彼女を超時空の大望遠鏡とすれば、私は、それを覗いて操作してみて、その世にも珍しい機械のハードとソフトがどうできているのか、どうしてそう働くのかを考える技術者・研究者である。

注意すべき重要なことは、この人工知能（ＡＩ）は、金属製部品を組み立てて作った機械ではない。この長谷川わかという人間は、もともと普通の人間であった存在をそのまま素材にして、脳神経・全身再開発（生化学的、生物学的に）なされてきた〝生体機械人間〟と想定する。その後、観察を通じ、この一生涯内進化は続いているとみる。

二人とも、何が視えるのか、聴こえるのか、など、本来あまり特別な興味はない。チャート的に何が具体的に視聴されているか、働きかけにどう応ずるかを見てみないと、テストにならない。

②あるいは、長谷川わかを超時空の大顕微鏡とすれば、その顕微鏡下の視野に、いま、ルネッサンスの時代の、環境・人物・美術の実践中の様子が自然に流れこんできており、その出現者レオナルド・ダ・ヴィンチとリアル対話しつつ、その絵を視せられている。彼が描いている《モナ・リザ》とその絵のモデルと、その場所を視ている。

③長谷川が生体式超ＡＩコンピューターとすれば、彼女は超時空の生体式超視聴覚Ｉ／Ｏ

装置ないし3Dディスプレイで、私が普通生体式なQ（質問）発生装置で、思考判断CPU&オンライン記憶装置、あとで内容と結果をプリントする装置みたいなものである。

Q&Aで対象体を操作しつつ、機器のハード・ソフト、そして宇宙の仕組を考究しつつある。


：　あの、先生。モンナ・リーザのいる場所はどういう所ですか？

「広いベランダで……灰色の古代の建築にあるみたいな、丸くて太い、重々しい背の高い石の柱が四本立って並んで視えていて、柱の根っこがダンゴの玉みたいに視えます。お野菜で言ってみると、小さめの玉ねぎの上にねぎをおっ立てて、それを大きくして、灰色（白と黒の中間）の石にしたみたいなの。こういうの、あまり見かけませんが、そういう古代の装飾なんでしょう。そういう場所です。

……それで、この女性の左右に、四本の石の柱がありますが、そのうち二本だけ、モデルやっているモンナ・リーザさんの座っている両側の所にあって、一本ずつ左右に描いてあります。絵に描いてあるほうは、柱の根元はダンゴじゃなく、台形がちょっと崩れたようなピラミッドになっています。

大きさは、さっき視せられたルーブル美術館の国家の間に飾ってあった絵と違っています。いま描いている絵のほうが大きいです。レオナルド・ダ・ヴィンチが
『画材の板はポプラ板です』

って云いました」

ダ・ヴィンチ自身のスピーキングの発声からして、モンナ・リーザのスペルはこのようになる。

MONNA LISA
もしMONA LISAのスペルが正しいなら、レオナルド・ダ・ヴィンチは、長谷川わかと私の前で、

『モンナ・リーザ～』

ではなく
『モーナ・リーザ～』

と発声しただろう。

ここで、長谷川わかのレオナルド・ダ・ヴィンチから聞いた声の音調も話し方の抑揚も、気持ちの表現も重要なコンテンツ情報である。

「これ、絵に描いてある風景は、実際にわたしがいま視えている景色と違います」

と、長谷川わかは言った。

「背景は、いま、視えているのは、当時の普通の街の情景みたいですけど、レオナルド・ダ・ヴィンチが

『これは、背景は描いた場所ではなくて、違う所の景色を当てはめて描いたのです』って……いま、そう言っています」

：　そうですか

「わたし、この画家の立って描いている背中の右の上のほうから視ているのですけど、右手で絵の具のパレットをこうして持っていて、そこにいろんな色が付いていて、それで、左手に絵筆を持ってふるって、立ってやっています。もう、ほとんど完成しています」

：　ダ・ヴィンチはどういう格好ですか？

「真っ白というのではないの。よく絵描きさんが着ている、白とクリーム色の中間の色の〝うわっぱり〟みたいの。それから、レオナルド・ダ・ヴィンチは帽子をかぶっています」

：　どういう帽子ですか？

「……絵描きのベレー帽とも違うし、ちょっと似てはいるけど、日本の学帽っていうのでもないし……当時あった独特の形の帽子です。これ、材質は皮でできているのかなあ」

美男美女と野次馬

そういうのを着ていて、帽子をかぶってダ・ヴィンチは描いている。

「いまでも、公園などで絵を描いている人がいると、散歩している人々が立ち止まって見ていて、『うまい、景色とそっくりだ』とか、連れの人と、ひそひそ話したりするでしょう。絵描きに声をかける人もいます」

私も日比谷公園でそういう素人絵描きを見たことがあり、長谷川が、長谷川自身の経験を話しているのかと思ったら、そうではなく、ダ・ヴィンチがイタリアないしヨーロッパの公園での様子を説明していたのだった。

「こういうふうに、云っています、レオナルド・ダ・ヴィンチが。

『それで自分が、こういうのを普通の所で描いていると、

〝わー、美男美女が二人で絵を描いている、行ってみよう〟

って走ってきて。そうして、

〝描かれている女性も絶世の美女だけど、描いている絵描きのほうも男前だ〟

〝絵もうまいものだ〟

そして見ていて
〝あそこを早く描けばいいのにな〜〟

〝あ、やっぱり描いた。俺の思ったとおりだろ〟

〝今度はどこを描くのかな〜〟

って、ウォータシの筆づかいや手元を見ていて、そこを描くというから、じゃ、違う所を描こうと思って、そっちへ筆を持って行くと、もう一人が、

〝それ見ろ、やっぱり俺の言った通りだろう〟

と言って、一挙手一投足を賭けしているみたいに監視しているから、そういうのが気に

なって描くことに集中できません。それで、そういう人が一定時間見ていて満足すると帰って行って、帰って行きながら途中で宣伝したり、奥さんに言ったり、近所に言いふらします。ですから次から次、少年から成人からいろんな人々、女性から老人から、五十人も百人も野次馬が来て、落ち着いて描いていられません』
って、そう云っています」
……そんなにたくさん野次馬が来ますか？
「『来ます』
って、レオナルド・ダ・ヴィンチが。
『そして、今度は旦那に教えられて来た女性が見ていて
〝あのモデルになっている女性、どこの奥方だろう？〟
なんて詮索されると、モデルの女性にも迷惑になってしまうし……。そしてちょっと風が吹いてモデルの衣装の裾が動くと
〝あの絵描きさん、しわができたのに気づかないのかしら？〟
〝直さないままで描いていていいのかしら？〟
〝教えてあげようか。それともあたしが自分で行って直してあげようかしら？〟
ってやっています。そうすると、モデルは何と言っても女性ですから、そういうのがどうしても気になりますから、表情とかに出ますでしょう。自分だけひとりで景色を描い

ているというのでしたら、そういうことはありませんが、こういう状況だと、自分のほうも気になって、はやくあの野次馬が帰ってくれればいいのに～って思うし、それがこっちも、気にしないように、泰然としていようと思ったり、そういうのが無意識に自分に出たりします。それが、また、モデルのほうの気持ちに影響しますでしょう。気遣ったり、心理的に平静になろうとしたり、互いに反射しあうみたいに。そういうので気が散って、落ち着いて描いていられません。でも、こういう所でやると、建物の番をしている人がいて、そこと契約するみたいにやっていて、門に鍵はかかっていませんが、一応空間として閉鎖されていますから、一般の人々が勝手に入って来られませんから、いいのです』

って」

：　その、モンナ・リーザの女性は、どういう椅子に座っているのですか？

「簡単な椅子です。日本の写真館・写真撮影所にあるような簡単な黒っぽいようなのです。女性がお見合い写真を撮る時みたいなの。こう、肘掛が付いていて……肘掛の下に垂直に棒が付いて棒の間隔は十センチぐらいかしら……。

うすいベールをかぶっていて、着ていられるお洋服は、描いている絵と人間が着ているのと、同じです」

：　それ、喪服みたいのですか？

「いえ、これ、喪服の黒っていうのじゃないです。形も、デザインもそうじゃない、普通の服で、緑色のちょっと濃いのです。そして、色は、さっき視た、ルーブル美術館にあるのよりも、もっと、明るい色です。そして、手の所、袖ですが辛子色みたいの」

：　寿司のネタの裏側につけてあるワサビですか？

　これはチェック目的である。なぜならば、長谷川わかは《モナ・リザ》の絵も写真も見たことはない。

「草色、鶯色ではないです。おうお、ディーンのカレッシみたいの」

：　ジェームズ・ディーンですか？　『理由なき反抗』とか『エデンの東』に主演した
……

「あのおーでーんよ。車のついた屋台を夕方、駅のそばにひっぱって来て、夕方赤い提灯つけて、東京工業大学のほうで、いいにおい出してやってる、竹の串に刺した、お大根、はんぺん、ちくわ。昆布巻きとかに付ける辛子よりちょっと黄色です。明るい黄色です。それで、これ、女性が座っている様子、上から視ると磁石の馬蹄形です」

：　先生、いま、どこから視ていますか？

「この人たちのいる上空ってまでじゃありませんが、テッペンのほうからです。いま、天井のほうからみたいに、上から視下ろしています」

：　何メートルぐらいの高さから視下ろしていますか？

「この寺院の石の柱の四本あるひさしの、天井みたいな所、上につかえそう。高さ五メートルぐらいからです。この建物の壁面から離れて一・五メートルです」

：　先生、斜めからも横からも、あらゆる方向から、いろいろ視てみてください！

「よく視えます。全身が視えます。ちゃんとここに人間が二人います。画家のレオナルド・ダ・ヴィンチと《モナ・リザ》の女性です。いろんなほうから視ています」

長谷川の視聴覚は、ドローンのように彼女の体を離れて、超時空で可能。

「いま斜め上です。だんだん下がって来て、いま、真横から視ています。筆をふるって肖像画を描いています、モンナ・リーザの絵を」

：　もしかして、そこの場の横のほうとかに、われわれの姿は視えていますか？

「いえ、視えていません。これは時代がルネッサンスですから」

長谷川わかは、時空がスイッチするみたいに、ルネッサンス時代と現代を、交互に切り替えられる。場所についても同じである。

天気と建築

：　じゃ、そこの、ルネッサンス時代で、他に人はいますか？

「いません。この二人だけです。とても静かな所です。日本で言ったら、寺院の裏手みたいな感じです。

『こういう所の、ひさしの下で描くと、明るさなどが、ちょうどよいのです』

って、レオナルド・ダ・ヴィンチがそういうふうに、わたしたちに説明しているんですけど、

『こういうの描くの、外の場所、空の下だと、日が照って、明るすぎたりしていけないし、だからといって部屋の中でやっていると、まじめに描いていても、世間から何やっているんだろうと勘ぐられます。

それに、部屋の中だと暗いし、暗いから灯の明かりを使うと、モデルの衣装の元の色がまったく違ってしまいます。

それから、外だと、日によって、天気がカンカン照りだったり、普通の晴天だったり、曇っていても比較的明るかったり、普通だったり、暗かったりもします。でも、こういうひさしの下だと、明るさが慣らされて適当で、日や年月、季節ごとの変化がやわらげられて長期に渡って平均化されますから、色彩の効果もよいのです。

また、作業の面でもよいのです』

って」

：〝そういう作業〟っていうのは、個人プロジェクトみたいですが、どういうのですか？

「レオナルド・ダ・ヴィンチが、

『これは外でやっていると、急に雨が降ってきたりして、モデルの衣装が濡れますから、濡れると、乾かしてきれいにするの、他へ頼まなければなりませんから、日がかかります。完成するまで、その間、絵が描けません。だから、モデルを助けて急いで退避

させなければならないし。

そうやっていると、絵が雨にぬれてしまって、せっかくここの途中まで築き上げるようにして、努力して描いてきたのが駄目になってしまいます。

それから、描いていて、全体的な構図とか、その時浮かんでいた画想とか、部分的にここの所を、いま筆を加えているのが終わったら、次に、ここをこう描こうと心の中で思っているのが、時間が経つと、忘れて消えてしまうのでしょう。

それから、外だと強い風が吹いたりして、モデルの髪の毛が動いて乱れたり、衣装が動いてひだの様子や光や影の具合が違ってしまいます。でもここだと、大きい建物と長いひさしは衝立てになって、風を防ぐ作用があります。ですから、そういう理由などで、こういう所で、この絵を描いたのです』

って。レオナルド・ダ・ヴィンチが
『それからこういう効果もあるんです』

って。

『外で、野原みたいな広い所でやって絶対に誰も来ないとします。そういう時、画家とモデルで向かい合って一対一でやります。

モデルの女性の顔や特徴や表情を細かく、詳しく観察していなければ、絵を描けませんでしょう。そして、モデルもこういう絵ですから、まっすぐこっちを見ていなければなりません。画家以外に見ている所はありませんし、モデルが違うほうを見ちゃ、こういう絵になりません。それで長い時間、長い期間やっていますから、女性のほうだって、どうしても相手のこと、どう思っているのかしらとか、もし、好きになっちゃったらどうしようとか……心配になったりしてしまうでしょう。

こういう所が、一般に知られていない所ですが、難しいのです。でも、こういう大きい重い石の建物を背中にしていると、自分も人間じゃなく、古くからある大きい重い石のように天地悠久《ゆうきゅう》の一部になった気がして、冷静で厳《おごそ》かな気持ちになって落ち着きます。描かれるモデル、この女性のモンナ・リーザのほうも、大きい石の建物に向かって、建物全体を見ていられますから、精神的に落ち着いて座っていられます。

ですから、描くほうも描かれるほうも協力して作業して、絵をつくりあげていくのに描きやすいのです……。画家にとってもモデルにとっても良いのです』

って。レオナルド・ダ・ヴィンチがいま、そう云いました。

『それから、こっちは、世界中で一番きれいだと思っている相手の女性の、目の中を覗き込んで描いているのです。ですから、もう気が動転しています。絵なんて描けません。でもこういう所に行ってもらって描くと、これは人間ではなくて、石の柱が四本あってその二本の間に自然の色の付いている女神の影像が置いてあると思って、描いていられるのです』

また、こう云っています、レオナルド・ダ・ヴィンチが。

『そして、背景の景色をそのままに描かなかったのは、描けば描けますけれども——自分は建築も設計もやっていますから。でも、実際の景色を描くと、どういう形の何色の建物で、どういう特徴で、どういう塔があって、となりますから、この絵をどこで描いているか、すぐ場所が分かっちゃいますから、描いている所に、野次馬とかいろんな人が来てしまいます』

これは、ちゃんと描いてあると、

『背景の建物の形や色や特徴から、ああいう建物があるとか、すぐに場所が分かってしまって、人々がおしかけます』

って――」

：ハイ

「『家に置いておいて、何かの拍子に誰かに見られて、そういう実際の背景だったら、素人が見ても、この絵がどのくらいの程度できているとか、完成が近いとか分かりますから、注文主に引き渡しを期待されてしまいます。

でも、こういうふうに背景を描くと、人物のほうはできているらしいが、後ろの背景のほう、何を描いているかさっぱり分からない。まだ駄目で、全体としては半分しかできていない、未完成だとなって、そういうふうに、宣伝されるのを防げます。

完成度が分かると、注文主は描いてもらうのは肖像だから、後の所は適当にして、いついつまで仕上げてくれって約束させられて、描いている所へ来て待っていてその日の作業の終わりに持って行ってしまわれます。

それから自分の留守中に、この絵を置いているのを取りに来られたら、留守していた人が、こういうのに抵抗できません。

そして、また、場所が分からないように建物を違えて描くと、絵を見る人から、〝あそこの所は実際はああなっているが、違っている。うまく描けていない〟と言われます。

絵としても中途半端になります。

それに、こういう景色は時とともに変化します。自分は見える通りに書いたとしても、その時、描いた時にはそうなっていても、あとで建物の持ち主が建築に手を加えたら、建物も風景も様子も変わってしまいます。こっちの、画家の技術のせいにされてしまいます。画家として永久に技術を批判されてしまいます。でも、こういう具合に描くと、画像、内容は主観ですから、自分だけしか知らなくて、他の人は見たことありませんから、絵の内容で文句を言われることはないです』

って。

『こういうふうに描くと、全体の完成の程度も人には分かりません。そして、自分が違う場所に引っ越すと言う時も、違う所へ行くなら、もう建物がないのだから描きようがないから、早く引き渡せと言われます。でも、こういうのですと、建物がない所でも、この絵を持って行って早く完成すべく、努力して手を加えているという理由が成り立ちます。背景を失敗したから始めから描きなおすとか、いざとなったらそういうことも言えなくもないのです』

って。

『それから、柱をそのまま描いたら、いくら背景の全体を違うふうに描いたとしても、モンナ・リーザの両側の石の柱を見れば、根元の所が特徴ありますから、すぐこの場所が分かってしまうでしょう。ですから、まるいのをちょっと変えて違うようにして描いたのです』

って。

『塀も、ただ、もう、ほんのちょっと、手を加えてこうするだけで、何の苦労もなく、いとも簡単にできて、そちらからまた別の効果もありますが、そうしたのです』

って。

塀のてっぺんの所、視ている実物の塀のほうはてっぺんが平らですが、絵では、こう、こっち側に、視ている側に、ちょっと傾《かし》いで描いてあります」

モンナ・リーザのモデルの後ろ側

その、モンナ・リーザの女性を描いている客観的・物理的背景自体を調べようとしていた。

「……ここは高くて、ちょっと見下ろすようになっていて、景色になっていて、建物などが視えていて……」

と、途中までやったが、分かりにくかった。

：　ちょっと質問します。そこのモンナ・リーザさんの座っている身体を透けて向こう側は視えますか？

「座っている後ろ側は視えません」

：　もし視えるとしたら、そこは何があるはずですか？

「これは、学校のコンクリの手すりの塀みたいになっているの」

と長谷川わかは答えた。

「ですから、普通こういう所は危険防止のため、金網が張ってありますが、ここは金網はないです」

私はかつて、入学した高校の校舎の屋上から初めて見下ろして、高所恐怖症的な危機感を持った。コンクリの塀に鉄の棒が立ち、網が張ってあったが、三年通ううちに慣れて、何でもなくなった。そして、卒業の頃、たまたま一階の横の隣家との境を見ると、屋上とまったく同じコンクリの塀があったが、金網が付いておらず、非常に間が抜けて見えた。

こういうのは精神的慣性《かんせい》から、そう感じるのだろうと、その当時、考えた。

レオナルド・ダ・ヴィンチは、塀の平らなＴＯＰの平面をこちら側に傾けることによって、高い所から下を覗いての恐怖心をかもし出させる効果もねらっていたのかもしれない。

高校の塀は、一メートルほどの高さのコンクリートで、厚さは二十センチだった。

「そういうので、それがコンクリじゃなくて、巾のある重々しい石でできていて、奥へ向かっての巾は五十センチぐらい。そして、その手すりの上の、モンナ・リーザさんが座っている左右の所に、石の上に、左右一本ずつ柱が立っていて、柱の根元がお団子に見えるの。重石のある石の柱です。珍しいけど、そういう昔の柱の装飾なんでしょう。本物を視ています、いま」

その塀の外側の空中から俯瞰《ふかん》すべきかと思ったが、科学的に非難されるだろうし、美術のほうからも叱られるだろう、やり過ぎかと思い、あせって悩んで自制することにした。

もう一つ透過《とうか》状況を観察してみる。一般的に批判されるか美術的にバカにされるか、実験の意味はないか、あるか？　迷う間に訊いてしまうほうが速い。科学的な実験価値があるか、控えるべきかどうか迷うと、迷う時間を含めて、四倍、時間を食う。

：　じゃ、今度、絵を描いている画家の背中側からモンナ・リーザを視てみてください。レオナルド・ダ・ヴィンチの背中側から視て、その身体を透けて、モンナ・リーザの身体が視えますか？

「身体の影になっていて、まったく視えません。椅子も視えません。……そこを外れれば視えます。

いま、また戻ってレオナルド・ダ・ヴィンチがパレットを持っている所の、少し右上から視ています」

どっちがキレイ？

：　長谷川わか先生、この空間に出ているモンナ・リーザ本人と、レオナルド・ダ・ヴィンチが描いている絵を比べてみてどうでしょうか？
「両方ともきれい……！」
：　あの、長谷川わか先生、モンナ・リーザさんのこと、どういうことでも良いですから、できるだけ詳しく言ってみてください！
「この女性も絵も、まったく同じです。もう、ソックリそのものです。それはうまいです。でも、それは、うまいですなんて言っちゃ〜、こういう絵を、世界中で珍重しているのを――今日こうして初めて視ましたが、そういう、世界に有名な絵だっていうことは、分かりますが――でも、こういうのを絵のことを分からない素人からじゃ〜、このモデルとこの絵とソックリっていう以外に、何も批評みたいなことは、一切言えませんが」
：　ハイ
「ただ、わたしみたいな……こういう、人間にごくごく稀《まれ》にしか生じない特別な脳を持っている者としての立場から、特に言えることでは……」

と、長谷川わかは言った。

「こうして時空を超えて、大昔のこの人たち当時の生活が活動していた状況そのままに、現代でも間違いなく正しく、精密に正確に視えますっていうことだけですけどね。このモデルの女性は、この、視ている時点で人間で、生き生きと神秘的な感じに視えて、生きていて、ベランダに座っていて、息もしていて、たまにちょっと動きますし、そして立体です。それで、絵のほうはどうかというと、そっくり同じようでも、斜めから見ると、これは板ですから平板です。これは、《ヴィーナスの誕生》をボッティチェリが描いていた時と同じよ」

：　ハイ
長谷川わかは、生体脳の再開発で人間に分かるはずのないことがどんどん正確に分かるということ、そして自分の成したこと、彼女は、そういうことが現実にできることを記録しておいて、世界中の学者に自分の特別な脳と実績を研究してもらいたいという強い願望を持っていて、そして人類のために研究してもらいたいという念願を強く持っている。そのために、私も真剣にやっている。

：　モンナ・リーザは身体のどこを動かしますか？

「こう、手とかです。わたしたちでも結婚式場で親族の集合写真撮る時とか、立って並んでいてちょっと襟の所直すとか、それから時間かかって……そうでしょう。動かないようにしていても。そして、これは、五分や十分で終わる写真じゃなくて筆で描いていて何時間もかかりますから、やはり、動きます。

それを、あなたが要求したから、わたしの神が時間的に短くして、動く所を強調してとくに見せられるから、そうなんでしょう……」

〝モンナ・リーザが動く所を視てくれ〟と私が要求したから、テープの早送りみたいに、動く所は視せて、動きがない所は時間短縮して、視せられたというわけである。こういう制御は長谷川わかの脳、世界の現場を持ってきて視せる装置且つ、自動制御装置としての神とカップルしてやっているらしい。一人で半人前（長谷川わか・前衛・超視聴等）、もう一人で半人前（私・後衛・Q&A・記憶等）、二人合わせて一人前の調査官である。貢献度は五〇％ずつ。

私という実験者も長谷川わかも、超ライブな出現者に知識を提供していないし、教えたくとも知識はない。逆に、質問して即問即答で答えを受けており、必要によって、行動を要求して、反応してもらう。そういうのがうまくいくという傾向が、他の例でも出ている。

だから、過去になって固定された残渣《ざんさ》が来ているのではない。また、あらかじめ定めてある、シナリオのようなものが引っ張り出されているのでもない。それをチェックするために、わざと、ランダムに、めちゃめちゃも含めて、実験している。相手は記憶をもって、個人のＩＤと自由思想で振舞っている。

テレビで言えば、３Ｄ双方向の生放送ぶっつけ本番である。


長谷川わかは言った。

「現代の美術の専門家たちは、このモデル、モンナ・リーザさんの女性の生きている本物を見ることはできませんが、それから絵でも――はじめに視えたのが、ルーブル美術館に展示してあるものだと思いますが――いま残っているこれ、古くなっているちょっと絵の具の細かいひびみたいに入っているような絵しか見られませんけれども……」

それは少しは感じてはいたが。


一九六二年十一月三日の文化の日、祝日。

：　パリのルーブルのほうの《モナ・リザ》の絵のひびはどこにありますか?

「……絵の全体に渡ってです。

……ざっと見て、果物のマスクメロンとは違いますけれども……でも、うまく言い表せないから、ちょっと大げさに言ってみると、そんな感じです。ただ、凹凸は反対になっていて、逆に引っ込んでいます。

わたしが、わたしの神から『外国でも昔から、こういう神のことをやるには、断食をするしきたりになっているから、お前には、子が幼いいまのうちにまとめて五十日間の断食をやらせる』と言われて、水も飲まない完全断食をさせられた時、骨と皮ばかりになって、終わったら、まるい〝水戸黄門の葵のマーク〟が右の手のひらに出ていたの。その時の手相の逆の（凸）じゃなく、ひびの所が引っ込んでいますが。でも、ひびは、そんなにってほどじゃないですが……。

これ、ルーブルの絵としては、ちゃんと視えますから。」

長谷川わかは話し続ける。

「でも、そっちの、フランスのルーブル美術館のじゃなく、わたしが視ているのは、いま――いまって言っても、大昔のルネッサンスの時期ですが――、レオナルド・ダ・ヴィンチが、イタリアのここの四本、柱のある古い寺院のベランダで、こうやって描いている、このいまこの時点で、この女性を前にして、九九・九％仕上がっている、仕上がり寸前の、このまだこれから描きあがりになりそうな、新鮮な、神秘的に美しいモンナ・リーザさんの絵を描いているのを、モデル本人と比較していて視ているのです。

それから、こうやって、この絵を描いた画家のレオナルド・ダ・ヴィンチやモデル本人が出現して、そしてあなたが実際にレオナルド・ダ・ヴィンチと話しましたように、自由に会話もできますっていうことです」

長谷川わかはさらに続けた。

「それで、特に、わたしのほうから言わなくとも、画家のほうから自由意志で、自分の願望で、こうして出ている画家が視てもらいたい聴いてもらいたい、と云って、重点的に思っている中心的な画像とか、絵に関連して心の中で思っていることが、直接に力を入れて云ってくれますから、画家本人ではない、他の人とか評論家から操作されていない、生のままの新鮮な状態で再現できて、間違いなく分かりますっていうことです」

：　ハイ

「それで……あとは、もう、絵の具の限界ということです」

：　絵の具の限界ってどういうことですか？

「日常の世界で、本当の自然の色です。空の色、雲の色、電信柱の色、人間の肌の色、木の葉の緑の色、水たまりの色ってありますでしょう。

わたしは、うちの窓の雨戸が閉まっていても、戸を開けなくとも、庭の水たまりに雀が来れば、自然の色で視えますし、草が生えれば視えるし。そういうのを目で見るのも、戸が透き通ってきて視えるのも、その本物の自然の色で、本物と変わらず視えます。あなたに初めて会った時も、庭石の所をあなたが歩いて来た時も、視えたんです。

時間を超えて、大昔のも視えます。いまで言ったら、モンナ・リーザさんの肌の色、いきいきと、生きているみたいに、きれいに視えています。

なんだって、そういう自然そのものを、人工の絵の具などを使って、一〇〇％完全に描き表しうるかっていう、そういう限界みたいなことです。

カラーテレビでも、どうかっていう……、そういうのを表しきれるかっていうことです」

確かに、何万色やっても、そういうわけだが。

もっと質問しよう。

：モンナ・リーザ本人も絵も、両方とも、非常にそっくりに、神秘的に視えるとして、先生、それで両方を比較したら、何か特徴とか、共通な所とか、違っている所とか、そういうのはありますか？

「この女性の向かって右の目元に、ポチッとして、米粒みたいのが付いています。まさか、この方、ご飯粒じゃないでしょうけど、もし何か付いているのだったら、写真撮影の時みたいに、この画家が描き始める前に取るでしょうからね」

長谷川のヒントにならぬように質問しなければならない。

：どう視えていますか？　それは横になっていますか？　斜めですか？　縦ですか？

「縦に付いています」

：お米って言っても、タイ米みたいな細っこいのもあります。それはどういう形になっていますか？

「形は、わたし、昔娘時代に、埼玉の実家に電気屋さんが来て、ラジオ修理してガーガーピーピーやっていた時、そばの新聞の上に置いてあるのを見たんですが、ダルマの格好の真空管みたいなもの。それをすごく小さくして、逆立ちさせて、白くしたみたいになって付いています」

：それ、もしかして、絵の具を垂らしたのでしょうか？

「いいえ、絵と本人と両方にありますから」

：それ、一体何なのですか？

「これは、この絵を描くのに失敗してなったのではなく、あとになって、絵が変色したり傷が付いたりして補修して、そうなったりしたというのではないです。この、いま現に、ここに座って描いてもらっている、このモデルの女性の方にも、画にも、両方とも共通して、間違いなく、付いていますから……」

：これは、大学の時に、ダ・ヴィンチの自画像だって言っていた人（M君）がいましたが、どうなんでしょうか？

「レオナルド・ダ・ヴィンチが自分で云っていますけど、

『もし自画像だったら、モデルなしで鏡を見て描きます』

って。いま、そう云ったわ。わたしも、さっきから、この人を真正面からずっと視ていますけど、ここに立っているレオナルド・ダ・ヴィンチは目の所にポッチはないです。

もしあったら、こういうのは、こういう調査で人物の特定の特徴になりますから、まっさきに、とっくに言っていましたけど、あなたに……」

それは、そうだ。長谷川わかの特別の視聴力の信頼度は高い。

「『**自分は創作的に女性を神秘的に見えるように描いたのではない。**この女性は、そうやって一生懸命に、とりすまして、神秘的みたいな顔をしようと努力しているのじゃなくて、もともとがそういう顔立ちの女性なのです』

って、レオナルド・ダ・ヴィンチがそう云っています。わたしから視ていても、ずっとそうですけどね、この女性。そうでしょう？　人間は、顔、変われって言ったって、急に変えられませんよ。誰だってそうでしょう？　今日、さっき神戸の大地震（一九九五年に来る阪神淡路大震災）の二度目の警告がありましたが、私の神が、『これは神の出した警告ではなくて、お前の人間の霊感の実力によるものだった』と云いました。ここにある石、全部すっ飛んじゃったみたいで、恐ろしかったけど。それで……。これに関連していうと、あなただって、三十三年経ったら、神戸に大地震が来ますから、そのちょっと前、三十年経ったら、神戸の大地震の警告が確かだ、本当に来る、当たる、って示すために、〝自分の顔変われ！〟って自分で言ったって、変われないでしょう、無理でしょう？」

：　ハイ

「レオナルド・ダ・ヴィンチが

『それで、こう見えますが、意外と、この女性は若いんです』

って。

『この絵を描き始めたころ、二十三、四ってところでした』

って。だから、わたしが視ていて言うのですけど、この女性はルネッサンス時代にちゃんと、人間として生きていたんですから、生きていたからこそ、こうしてモデルとして生き生きとして、この顔かたちで、姿で、美しく生きているのと変わりないぐらいに、椅子に座っていて出ているのです」

長谷川わかと私で、そして、レオナルド・ダ・ヴィンチと《モナ・リザ》の絵を前にして、立ち話でやっている。

青空の下、風はない。日は照っている。

モンナ・リーザの眉毛は、もともと、ああいう、ないようなのであった。もともと薄かったのか、美容上抜いたのかどうかは失礼と思って訊けなかったが、現在の知られている絵の様子と変わっていない。

昔、大学の時、M君は「モナ・リザは美人のくせしてお高くとまってないから日本人の男性に好かれるのだ」と言っていた。

人間の肉眼視

：それじゃあそれとは別に、先生が普通に肉眼で見るのと比べて、出現者を視る時、視え方に特徴的な共通点とか違いはありますか？

「こうやって視えるのでは、肉眼で見るのと比較して、レオナルド・ダ・ヴィンチやモンナ・リーザの姿は、その身体の真ん中の所よりも、周りの**輪郭の縁のほうがはっきり**際立って視える、というのが特徴的です」

長谷川わかが輪郭について言うのは、出現者の顔や身体の周辺部、側線が、とくに濃く視えることを強調している。

長谷川わかは、五十日間の完全断食の前は平均九〇％濃度で視えていた。人間のこういう能力の限界として、この数字を記しておきたい。いまは、ボディ部分は最低八五％の濃さで視えて、身体の輪郭は、もっと濃く視えている。

この後、やっているうちに、もっと回復してきたから、ならして八七～九〇％というところである。なお、長谷川わかは断食をやって、超レベルの視力が一時やや減った。眼科医によると、ビタミンA不足によるということだった。

：　先生、レオナルド・ダ・ヴィンチは、いま、描いていますか？

「そう。視ていて、左手に持っている筆で、ちょっと右手に、こうして持っているパレットのいろんな色の絵の具を付けながら、こうやって描いていています」

長谷川わかは、左手で空中に描いているようにしている。動作をまねているみたいに。

：　モンナ・リーザ本人のほうは、様子はどうですか？

「息もしていて、時々瞬きもして、動きます」

：　どこが動きますか？

「手とか、こう、ちょっと。……時々ですが」

：　モンナ・リーザに足、ありますか？

「絵には描いてないですが、あって、靴も履いています。絵のほうは裾のほうまでだけですが」

失敗したが、ローヒールか中ヒールか、色は黒か何色か、デザインや飾りかとか、訊きそこなった。さっきダ・ヴィンチのズック靴を調べて時間がかかったので、やめてしまったのだった。

でも、重要情報をGETせよ。出ている本体に集中せよ。長谷川わかが言うから、そこにちゃんと生きているみたいにモンナ・リーザの人間は、出現していて〝居る〟のだろう。

ぜひテストせよ！

こういうことでも、やっていて、通常の科学ロジックも少し通る傾向を感じてきている。じゃ、そのロジックはどういうのかというと、それを未知のX（ロジック）として、それを求めるべく、いまやっている。

こういう現象でも、普遍性と再現性がチェックできるかテストしよう。やさしいケースと思われる美術などで、また、《ヴィーナスの誕生》での画家とモデルの二人のウォッチに加えて、この二人も追加できなければならないであろう。美術ならなぜやさしいかというと、ただの絵や彫刻で視えるから。口で伝えられるから。音楽だと音符にできないと残せない。

おっかなびっくり質問する。

：あの、モンナ・リーザさん、まことに恐れ入りますが……。

世界にも稀な、超時空で出現する人物と対話可能な特別脳の３Ｄ人間テレビ長谷川わか。双方向の動像ＩＯコンピューター、かつ、超時空テレビの最良のテストになる。さあ、どう出るか？

期待値二～四％。

これはまったく予想もしなかったが、リアルに、３Ｄファクトデータとして、大量にＧＥＴできた。

長谷川わかは忙しかった。チャンバラだったら、ジャンジャンやるし、吉良邸内四十七士全員が刀の鞘に白布を巻いているのを視るし、突然何が来るかも分からないし、百人分の脳をフル回転でやっている。視聴を私に言わなければならないし。百人分といっても、ただプロジェクトメンバーとして優秀な脳の秀才を百人そろえても、人間に分からないことは、分からない。だが、長谷川は分かる。

次から次へとPI（プロセス・インタラプト処理）的に、長谷川はウォッチしながらやって、それでフルに脳が回っているから、そこを、私が記憶し、人間としての質問を考えつつ、相手とディスカッションして、批判、確認しつつ、また記憶していく。

私が、直接、内容的にQ＆A権を独占し、一般人を代表して、細かく質疑応答して考え、さらなる質問を実行しつつ検査しつつ、ロジックをかませて細かく一問一答レベルで質問して、考察討議していって、すべて、私の脳にオンライン記憶していく。後に記述するため、非常に便利である。

ノコギリ

「『晩年、フランス王のフランソワI世に招かれ、アンボワーズに館を与えられ、生涯の最後のほう、この館に住んでいたんです』
って――レオナルド・ダ・ヴィンチが。
『モナ・リーザ本人を盗《と》ることはできないので、自分で描いていた《モナ・リザ》の絵を、どうしても手放せず、この絵の注文主に渡せなかったのです。
この絵を彼女本人だと思って、一緒に連れて行ったのです。絵を本人と思って駆け落ちしたみたいに行ったのです。

それで、このフランスの館で、絵を本人だと思って見ていて、同じサイズの絵の包みの中に包んで隠していて、隠せる限り隠していたんです』

って。

『そしてそうやって行って、でも地理的に離れていても、国が違っていても、もしこういうのが国と国の政治的問題になって、フランスの官憲が来て家捜しされたらすぐに見つかってしまいますから、この絵を一回り切って、より小さいサイズにしたのです。こうして、他の小さいサイズの絵とグループにして一緒にして布に包んでおけば、家捜しする官憲のほうは、〝こういうサイズ〟って特定して必死に探しますから、自分の留守中に探されても、その目を逃れて、接収されるという心配はなかったのです』

って」

さらに私が精神的なほうに話を戻すと、世界で最も美しいと思っている女性の瞳の中をのぞいて描くのだから、ダ・ヴィンチは胸が震えて描けない。女性のほうも、もし好きになられたらどうしよう、などと動揺したりする。それに反映すると、互いに反響し合って、うまく絵が描けない。

「『だから、両側の古代からの寺院の四本のうち二本の柱の間に、色の付いた石の女神の彫像が置いてあると思って描くと、やっと描けるのです』

って」

つまり絵を描いている間、美しい人形を両側から棒で支えているのと同じみたいだったのだ、と云っているのである。

：　先生、レオナルド・ダ・ヴィンチが絵を切っている所、絶対によく視てください！

「……絶対に誰も来ない時間に、部屋に鍵をかけて、サイズ測って――

『前から考えていたのです』

って――テーブルの上に絵を置いて、定規使って縦横丁寧に線を引いて区切って、それからテーブルの上で片方左にずらして、右手で押さえて、左手でノコギリで切っています。日本のノコギリは金属の部分は手前が狭くて、先のほうが広くなっていて、切るのにひっぱりながら切るでしょう。これは反対に、先っちょが細くて、手前が太くて、押しながら切っています。ピカピカの日本刀みたいに、光った切れるノコギリです。

ギコギコ押しながら切って、おが屑がテーブルの下の絨緞《じゅうたん》の上に、そこにあらかじめ、ゴミ集めのために敷いてある布にバラバラ落ちていくのが視えます。切っている音もいま耳に聴こえています。その切っている所から。

左右、上下と切り終わってから、まっすぐ置いて眺めています。そして小さいサイズの絵のグループの包みのほうへ入れて縛りました。それで安心したのでしょう。ホッとした顔です」

後になって、ナポレオンが《モナ・リザ》の絵を部屋に飾って、その飾る時に両側を切り落としたという噂をどこかで見たが、それは違うのである。

ナポレオンを呼び出すことはできると思うが、わざわざ呼び出してこのことだけを訊くのは、妥当ではないと思う。もっと相当大きなレベルの世界史的なことを訊くべきで、何を訊くかを準備しておかなければならないだろう。

第四章

ミラノのダ・ヴィンチ

《最後の晩餐》

大きい絵に変わって

「……今度、こういうふうに、視えている絵が変わって、これは、もっとずっと、ずっと大きく、空中にあるみたいに視えています」

：：どういう絵ですか？

「これは日本では《最後の晩餐《ばんさん》》といわれている絵ですって。

イエスの生涯の最後のほうになって、まだ生きているうち、死ぬ少し前に、弟子たちと〝最後の晩餐〟をしているところですって。これ、いま、食事が終わったところでしょうか。これ、わたしから視て、晩餐というよりも夕食会っていう感じで、あっさりした食卓です。大した料理は置いてないです。お皿を描いてある。テーブルの奥のほうになっているのだか、それとも上に上がっているのだか。

『これは空中に、宙に浮かんでいるのを描いたのです。下の皿は受け皿で、イエス（上の皿）が駄目になり、中身が落ちるので、弟子が中身を受け取るところです、後継者として』

って」

ヨーロッパの歴史自体として視るなら、別のセッションでやらないといけない。日本古代史のポイントは、この日、かなりやった。

：　先生、それは、イエスが生きていた時代の、その時の実況の事実自体が先生に視えているのでしょうか？　それとも、ただ絵ということですか？

「絵。これ絵です。（歴史の）事実自体を視ているのっていうのじゃないです」

：　これ建物の中ですけど？

「……これ食堂みたいです。モンナ・リーザさんのいた食堂はもっと素朴でしたけど、ちゃんと本物でした。見かけはそれより、ずっと立派です。そして、いま、晩餐が終わったみたいなのですが。

……生きている人間が、たくさん座ったり、立ったりしているの。

ですけど、動いているように見えますが、でも、こうしてじっと視ていて、その間動きませんし……。そして、そこの所、部屋の奥行はあって、大きな壁掛けの布だか、大きなドアみたいのだか、両側に四つずつあって、窓とかもあって、そうなって視えています。

でもこれ、本当の窓やなんかじゃなくて、絵に描いてある窓です。

そう見せかけていて、でも、こうして視えているのを、そばに寄って観察してみると、立体じゃないですから」

その絵のある所（ミラノ）から、《最後の晩餐》が高輪ゲートウェイ付近にやってきていて、さらに、長谷川わかが近づいて視ている。

一九六二年の実験当時は知らず、二〇〇七年に知ったことだが、《最後の晩餐》はミラノのサンタマリア・デレ・グラッツィエ教会にあるという。いまは絵とともに、世界遺産になっている。

「奥行きがありますが、でも

『そこは騙《だま》し絵《え》に描いてあるのです』

って、レオナルド・ダ・ヴィンチが」

：　騙し絵って何ですか？

「『騙し絵っていまでもヨーロッパの市街にあります。建物の内部の設計上、窓にできない時、建物の外側から見て、殺風景ですから窓を描いて、出っ張りも描いて、花を描くのです』

って。そしてこれ、この部屋の奥の壁一面に描いてある平らな絵を見ているのです。壁自体がそのまま全部絵なのです」

カードの絵は知っているが、実物は知らない。

「部屋の壁のクロスが一面、全体に模様になっているのって、あるでしょう？　それで、クロスじゃなくて壁にじかに付いていて、その模様の代わりに絵が描いてあるっていう感じです」

と長谷川わかは言った。

こっちはこういう方面の能力では、視えない、聴けない、〝ヘレン・ケラー男〟みたいだから、長谷川わかの特別の視聴覚に頼っているので、どうなっているのか飲み込めない。でも、細かいことまで質問してやって答えを得ているから、客観的な証拠になる。またこういうダ・ヴィンチとのQ&Aディスカッション対話を含めて、我々の言動が、客観化、文書化できる。また、日本及び、世界中の諸々の専門の学者、研究者による脳科学研究その他のデータ資料になる。

長谷川わかと《最後の晩餐》

《最後の晩餐》の小さい横長のカードは、小学校時代に、クリスマスなどの度に教会でもらっていたので、一度くらいはよく見ておくべきと思い、教会堂の中の廊下の白い壁の所で立ち止まって見てみると、キリストも弟子たちも姿勢は様々だが、全員がテーブルの向こう側に一列にいると、自分の目で確かめた。私も親類と畳の部屋で宴会が終わって、お膳の向こうに、日の丸の額の下で全員座って写真撮影したことがあった。西洋と日本で、畳と椅子席の違いはあったが同じことと理解した。ただし、テーブルの向かい側に混んでいる所があるのが気になった。考えをまとめるのに時間はかかったが結局、全部テーブルの向こう側と考えた。

「淡い模様になっているのだか、線で模様になっているのだか、白いテーブル・クロスがかけてあって……。

テーブルのこっち側に、ユダっていう名前の人だけ、黒い着物を着て座っています」

：　先生、ユダって、知っていますか？

「知りません」

：　じゃ、先生は自分で知らないのに、どうしてユダって言えたのですか？

知らないくせによく言える！　という気が、事実、私はした。

そういうの、うっかり言ったら無責任になりませんか？　ここは、私の心の中で言っただけである。

「わたしはユダって、今日、たったいまのいま、初耳ですから、どういう人か全然知らないんですが、この人、レオナルド・ダ・ヴィンチが、そういうふうに、そう、わたしに強く云ってくれているからです。

レオナルド・ダ・ヴィンチが『こういうふうに描こう！』って思って当時やっていたのをそのまま教えてくれています。人間は言葉で考えますから。その、一生懸命に考えて、こうやっていたのだって、力を入れて言ってくれている言葉が、こうしてわたしに聴こえているんです」

：　どこにですか？

「わたしの耳にです」

と長谷川わかは言った。

「じかに耳に聴こえます。それを、あなたに、こうしてレオナルド・ダ・ヴィンチがこういうふうに云っているのを聴こえるままにオウム返しに言っています。どういう実験でもそうです。いつでもそうしていますが」


この日ではないが、それ以前に断食当時、イエスが出たことがあり、また、自宅上空に青色の衣のマリアが一日中、天使長ミカエル以下の三天使が六ヵ月上空に出ていたことがある。


長谷川わかは、知らない町で、それと知らずに教会のそばを歩いていると、キリスト教の天使などが、たびたび長谷川わかに、出現し、うっかりして歩いていると、長谷川の〝神〟が『おい、天使が挨拶しているぞ』と教えた。

「こういうことが、人間に分からないことが時空を超えて分かる、**わたしの脳を世界中の学者に、科学的に研究してもらいたくて、わたしの事実をあなたに記録して出版してもらうために——そのために口に出して言っているんです**」

と、彼女は言った。


私も実験対象ケースとして病気診断とか、鍵あけとか、個人的なサービスみたいのではなく、脳科学的研究のために有益になるように、公の学術文化一般のためになるように、物理的に、客観的に証拠になる事項を選んで、正確に実験をしている。

「それでこの絵で」

と、長谷川わかは言った。

「他の弟子の人たちは、全員ともテーブルの向こう側に座っていて、例外はユダだけ、こっち側です。向こう向きに椅子に腰かけています」

そういう覚えはなかったが、果たして実際は、そうだったのだろうか？　私のこの絵のかつてのチェックは、浅かったのか？

こういうのは、特別に意味があるのか？

：　先生、それって、イエスも弟子も、全員、テーブルの向こう側に、いるんでしょう？　日本の宴会の後の写真撮影とは違いますが、それぞれの人の動作があるでしょうが、ざっと言って、全員がテーブルの向こう側にいるっていうのじゃないのですか？　日本だって、そうです。祖母の米寿《べいじゅ》のお祝いの席で写真撮る時も、そうでした。ぜひとも、よくよく視てください。
「いいえ、はっきりと視えています。わたしに、そう視えるのに、そうじゃないっていう嘘は言えません。真実を言っています。これ、ユダだけ、他の人と対立して座っていて、その人（ユダ）の背中がこっちに視えています。そう視えます」

長谷川わかたる人間は、《最後の晩餐》の絵について、世界中の美術の常識、美術史の学者とは、一八〇度違うことを言った。場所は大石内蔵助の墓の前だった。


……ユダは、立っていますか？

「座っています」

……椅子は、ありますか？

「あります」

……ユダの、こっち側に座っているという椅子の背もたれは、ありますか？

「背もたれはないです」

……正真正銘に、ユダはテーブルのこっち側に座っていますか？

「そうです」

……絶対にそうですか？

「絶対に！」

……もしかして、万が一にも、先生に、そう視えているのが間違っているっていうことは、ありませんか？

「それ以外の形で、わたしに視えることはありません」

……それ、確かですか？

「確かです。それで、この場の夕食が終わってから、この絵の真ん中にいるイエスが、

〝ここにいる中の誰かが、ワタシを裏切るだろう〟って予言して、この絵の上での話で、いまそれを言ったばかりっていうところです。

：　ハイ

「それで、この絵の真ん中に、たったいま、そう言ったイエスがいて、左右に弟子たちがたくさん、ユダ以外の十一人がいて、ユダはテーブルのこっち側で、それで、このイエスが話した言葉の反応で、その衝撃や、そして余波というのか、それぞれ、ちょっと立ったり、手をいろいろ動作したりしているみたいで、全体的に、こう波立った様子になっています。そういう大きな波が四つ立っていくように描いてあります」

長谷川わかは、物理的には、《最後の晩餐》を以前にも以後にも、現物の絵を見たことはない。その後も、私は、他の人から入れ知恵されないよう、ノイズを防ぐため、長谷川わかに、この絵を絶対に見せない。

「それで、ユダはこっち側の椅子で、向こうを見て、黒い服を着ている背中の後ろが、こちらに視えていますが、これ、和服と洋服の中間ですが、日本の着物でいうと、着ているものの襟が〝ぬきえもん〟みたいになっていて、身体の背中の筋も視えていて――この人、レオナルド・ダ・ヴィンチは筋とか筋肉を描くのが得意なのです――これ、ユダの首の後ろ側の首と背中のほうの筋です」

長谷川わかと話しているのに、レオナルド・ダ・ヴィンチの手稿にあったような解剖図的なことに言及したから、ちょっと驚いた。当然ながら、事前に一切、こういうことは言っていない。この日、レオナルド・ダ・ヴィンチが飛び入りするなんて、思いもよらなかった。

それで、またこう続けた。

「それで、たったいま急に、ユダが自分の隠してやっていた悪事、イエスを裏切ることをイエスに予言されて暴露されていましたから、思わず、ギクッとして、でも、ユダは、〝自分はそんなの関係ない。一体誰のことだろう?〟っていう平気な顔して、傲然《ごうぜん》としていて、そして、顔は、中央のテーブルの向こう側のイエスのほうを見ていて、それでも思わず、左手で持っている、イエスを売ったお金の入った黒い袋を無意識に背中の後ろに急にこう隠したから、その勢いで袋が振り回されて、こう、黒い鎌が曲がったみたいな格好になっているのです。

世の中の一般の人は、ユダはテーブルのあっち側に座って、こっちを向いて座っていて、そして右手で財布を握っていると思っている。それが、世界中のすべての人々の常識になっている。二〇一九年の現在においても、美術史でも、そうなっている。

長谷川わかには、「ユダは、あっち向いて、こっち側に座っていて、背中がこっちに視えていて、財布を左手で持っていて、背中に回して隠している」と、視えている。

：先生、ちょっと、質問させてください。それは、人間である長谷川わかがその絵を視て、自分の頭の中で理性で考えて「こうじゃないか?」って想定して言っているのですか?　そうでしょう?

「いえ、そうじゃないです。そうだというのなら、わたしという人間が、こうしてわたしのこの特別な脳で、この絵を視ているという必要、そして実験している価値はないのです」

そう、長谷川わかは主張した。

確かに、彼女はそうやっていて、ここで野外のスクエアで立っていて、ここに何も絵の情報などないのに、彼女が聞いたことも関心を持ったこともない、美術上の人間でも絵でも何でも、音楽でも、どんどん視えて、聴こえてきている。

そして、どんどん言っている。

「このレオナルド・ダ・ヴィンチの、この絵の画想が、そうだったって、描いた本人が、云っているから、そうなんです。こう……ってレオナルド・ダ・ヴィンチの心の中で、当時、そう思いながら、一生懸命に描いていたのを、いま、こうだったって、声で云ってくれていて——あの、人間て、誰でも、考える時に、言葉で考えるでしょう?　そうやって時間かけて何べんもこの絵を描く壁の所に通って来て、……ある時は、飲まず食わずで描いて、また他のことをやって、来て、ちょっと筆を加えて帰って行って……そうやっていて《最後の晩餐》を描いた時に考えていた画想を、レオナルド・ダ・ヴィンチが、再現して云ってくれているのが、さっきから聴こえています。口から声に出して話すよりは、ちょっと小さいですが、強い声で聴こえて、狂いなく、わたしに分かるのです。ただ、あくまでも、（イエスの）事実そのものを視ているのではなく、レオナルド・ダ・ヴィンチが、この絵を描く上での考え、画像、その人の、この絵を描く上での考えの範囲ということで視ているのですけどね」

：ハイ

ユダが歴史上で、宗教的にどうだったかということは、この絵の中のことでなく、事実であり、人間の行動のことだから、改めて事実リトリーヴの探究の方向をそっちに、歴史の事実自体に向けて審査しないとならない。それは、やればできるが、われわれは遠慮しておく。キリスト教のほうでやることであると考える。

「それで、ここは、場所は……」

と長谷川わかは続ける。

「『キリスト教の教会堂の食堂ですから』って、レオナルド・ダ・ヴィンチが云っています。ここの修道院の聖職者が、みな、ここで本当の食事をしますから、この《最後の晩餐》の絵のテーブルのこっちにいて、この絵を見るでしょう。それで、そういう人から見て、ユダがこっち側だと、まるで自分たちと同席して食事をしていて、食事する全員がユダに代表されているみたいで、悪い仲間であるみたいに嫌に感じます」

：ハイ

「それで絵では、この裏切り者のユダをイエスや他の弟子たちと切り離してこっち側に描きたいけれども、そういう立場からの心理的事情があって、ですから、あっち側にいるように描いて。ただ、そっちの列にいるかというと、そうではないのです。イエスと同じ奥の側にユダが座っていると、絵の中の弟子たちとしては、そろってみんなで、〝イエスを裏切るような人間は、自分たちの側にいることを許さない！〟と思うだろうという強い姿勢、強い心理があります。食事をする人間側も、心が絵の弟子と一致します。

向かって右の方、テーブルの端っこから三番目にいる人が、空色の服を着て立っているのですが、ユダ以外の弟子の全員の考え、気持ちを代表しています。その人の手の延長線がズ――ッと左のほうに行って、その延長線が、鋭いナイフでもって、ユダの身体の、その真ん中をぶっ通して突き刺しています。それで、刺し通したそこの後ろ側の、すぐ近くに座っていた人が、自分の目の前に、急に、物騒なナイフが飛び出しましたから、この人、〝あっ〟てびっくりして――誰だって、そういう時、驚くとこういうふうになるでしょう？」

長谷川わかは、自分の両手を肘から上をあげて、そういう形をした。

「わたしだって、目の前に座っている人の後ろに、穴が開くみたいにして、急に、物騒な短刀が出たとしたら、〝あっ〟って、そうなります」

私は、かつて小学校の時、教会の廊下の白い壁に沿って、意志で立ち止まってこの絵を見たが、ナイフがあるなんて、知らなかった。

「両手をこう、キューピーさんみたいにして」

と長谷川わかは言った。

「こういう格好をして、びっくりして、半分バンザイしたみたいに手を挙げているのです。これ、ですから、裏切り者のユダのどてっ腹に穴を開けたっていうところです」

：　ハイ

「このびっくりした人は、目は、この突然に出てきたナイフを見ています。

『これ、〝イエスがユダの裏切りを予言したから、それ言われただけで、こういうちっちゃいバンザイしている〟というのじゃないです。これ、対して応じている動作反応が、そういうのと違います』

そうレオナルド・ダ・ヴィンチが云っています」

：　そうですか

「そう。〝裏切る〟って聞いて、誰だって、そうかなあ、ほんとかなあ、誰が裏切るのかなあって、いつ？　そう思うでしょう？　〝裏切る〟って聞いて、それだけでこうして〝あっ〟て、こういうふうになって反応して……そうはしないでしょう？

レオナルド・ダ・ヴィンチが

『この《最後の晩餐》の絵で人間の心理を行動で表してこう描きました』

って、そういうふうに、云っているの。

『目玉だってナイフ見ている』

って」

長谷川わかは続ける。

「レオナルド・ダ・ヴィンチが
『それで、この青い服の人は、弟子たちを代表して、遠隔の刺し手になっている、こういう考えで描いていたから、その隣にいる、端から二番目の白い服の人が、そうやらせていて……これ、ここにいる人の半分右が自分、自分、レオナルド・ダ・ヴィンチの自画像というつもりです。それで、証拠に、手には、自分の書いていた手稿を持っています』

って」

……ハイ
この絵を見る時、見学者は誰でも、そこに注意して見る必要があると思う。

「『そういうわけで、ですから』」

と長谷川わかは、レオナルド・ダ・ヴィンチの云っていることを伝えた。超時空で遠隔的に視ている、というより、レオナルド・ダ・ヴィンチが超時空で、ここに来てしまっている。かつても《最後の晩餐》がミラノからここに来て、彼が我々に熱心に説明しているのを聴きながらやったことがあった。長谷川はこう言った。

「レオナルド・ダ・ヴィンチが
『ですから、そういう心理的な事情で、ユダのいることができる場所は、この《最後の晩餐》をやっているテーブルのあっち側にいると思えば駄目で、こっちじゃなきゃ駄目だし、じゃ、だからといってこっち側だと思えば、やっぱりこっちも駄目であっちだし、それで、あっちもこっちも駄目ですから、この絵の中で、ユダがいることのできる場所、ユダが座っていることができる場所というのがないんです』

って」

でも、そのユダの姿は、全身がこっち側に完全に視えるという。

だから、長谷川わかを実験しての経験上、椅子も、絵の上で長谷川わかにとって視えていて実在しているから、したがって、レオナルド・ダ・ヴィンチはユダを一度こっち側に描いて、次に、またいろいろ考えて、消したのだろうか、いや、それは分からない。


私はこういうのは、自分の知っていた範囲ではないし、長谷川わかには視えているが、私は、絵を見ながら説明を受けているのではないから、よくつかめなかったが、大体は、ここにイソップ物語の獣の寓意《ぐうい》を含めているという。

急にイソップといわれて驚いた。キリスト教とイソップは関連して聞いたことはなかった。イソップ物語は比較的新しいものだと思っていたので、時代的にもピンと来なかったし、意味的にもなかなか関連付かなかった。

「レオナルド・ダ・ヴィンチが
『テーブルのこっち側で、背中を見せて、あっちを向いて座っているユダの右手を黒っぽい獣、狐だかオオカミの顔に描いて、それで、瞬間的にそのユダの手とイエスの手と取り換えてあるのです』

って。

『そして、ただし、ユダの腕に手首を交換して付ける時に、そのままじゃ～、イエスの神聖な手をくっ付けられないから、付ける時に、裏返しにして付けてあります。ユダの裏切りについて、そうやって扱っています。そして、また、イエスは、（ユダ以外の）弟子たちの総意でもってユダを突き刺そうとするのを、ユダのと交換された手で、その黒っぽい獣にも見える手、獰猛《どうもう》にさえ見える手で、強い野蛮なぐらいの力を込めて、つかんで止めています。

そして、絵に、大きい魚が描いてあって、これは旧約聖書に出ている〝ヨナ伝〟の話を利用して描いてあって、大きい魚がこっちで飲み込んで、あっち、違う所へ吐き出すという物語を利用して、手の交換にこれを使って、空間変換をしているのです』

って、レオナルド・ダ・ヴィンチがそう云いました」

「空間変換」という言葉を使って来たのは、レオナルド・ダ・ヴィンチのほうからである。

長谷川わかは〝旧約聖書〟も〝新約聖書〟も知らないが、口で、レオナルド・ダ・ヴィンチの云っていることをオウム返しに言っている。

「『左側のほうで、ナイフでユダを貫いたのを見て驚いた人とはまた別に、こういう交換の変事の現象が起こったのを見て、もう一人、あっと驚いているのがいて、これは、イエスの、向かって右へ二人目のカーキ色の人です。

　これ、さっきと同じですが、誰かが裏切ると聞いて、その瞬間的に、〝はっ〟とやるという、そういう反応は心理行動としてはないでしょう。この人の目も、イエスの手における〝瞬間的な強力な変事〟を見て、大きく手を開いて、びっくりしています。

　これは、さっきの、向かって左のほうの、目の前に飛び出てきたナイフを見て驚いている人と対照しています』

そういうのが、レオナルド・ダ・ヴィンチの《最後の晩餐》の絵のメインの画想・表現になっているのだと言っています」

と、長谷川わかは、レオナルド・ダ・ヴィンチの言葉をありのままに伝えた。

メッセージ

：　この絵で他にメッセージはありますか？

「……いま訊いてみましたけど、レオナルド・ダ・ヴィンチが、

『自分の自画像になっている人は、片方の手をテーブルに近く置いていますが、これ、こんこんとやって、このテーブルの、ここの高さの所のあっちのほうを注意して見てくださいということです。そこの所で、テーブルの近くで、手の変換という事件がおこなわれていますから』

って。

『そして、この絵は、まだ完成していなくて描きかけなのです』

って、そう云いました」

…絵のどこの所が未完成ですか？

「『テーブルの真ん中の辺りがあいている所、空間と、それから、イエスです』

って」

長谷川わかは続けた。

「『これは、この出来事の状況が止まっているのでは、ありません。波になっていて動きがあるのを描いています、イエスの言葉に反応して、大波が寄せては返しますから、また、次の瞬間には振り子みたいにイエスのほうへなびきます。愛する弟子……そこにいて……』

って」

愛する弟子という言葉は、平和な言葉で、知らない間に、よく聞いたふうなという感じのする言葉で、すべての人々を愛するという印象が強く、とくには、特定の弟子を指すということは、訊いたことはない。長谷川わかに、聖母マリアや三天使が現れたりするが、キリスト教というのではない「神道霊感派（現御嶽教《おんたけきょう》）」で仏教の天眼通《てんがんつう》・天耳通《てんにつう》（注禅学辞典、仏教辞典）を持つ長谷川わかの口から出るのは、とても新鮮な感じがした。こういうのは、知らなかった。意味を考えながら、許されて考えつつ、という感じで聞くのは、初めてだった。

でも、愛する弟子といえば、ごく自然な、弟子に対する一般名詞みたいに思えるのだが……。

「『……こうして、波で、傾いていくわけです、波で、愛する弟子が。でも、身体が寄っていく、というのではなく、**恋愛的に寄り添っていくのでなく**、宗教的に信仰の、神の技《わざ》的、奥義《おうぎ》的に、同じ根本（ルート）に根ざして、そこから生じている、そして、イエスに信頼的に寄っている＝depend on ということです』

マグダラ出身のマリアですって。一番弟子です。形式で、教義的なことを暗記するというのでなく、**じきじきに神の霊感を受け取る能力を**、よく伝えているのです。

『向かってイエスの左の横の、そのまた横のごっつい人は、手をこうして、隣のやさ男みたいな人の首の所に刃みたいにしています。そのやさ男をどうするという意味ではなくて、このやさ男は全然関係なく、まだ完成していない真ん中の所、まだ描かれていない空間の所をごっつい人は指さしているのです。寄せては返す大波で、振り子みたいに……そうなっているのです』

って」

やさ男は、ダミーであるという。長谷川が続ける。

「『そして、指を一本立てている人は、この愛する弟子は、神に通ずるという方面で、イエスの一番弟子だという意味を暗示しているのです。一人が手を胸に当てていて、胸のふくらみを暗示して、それは女性です……という表現になっているのです。空間は聖杯です』

って」

聖杯というWORDがまた出たから、驚いた。この言葉は他の教会のボーイスカウト隊長からその少し前に聞いたことがあり、教会堂で使う、洗礼用の聖水の入れもの、そのぐらいの意識しかなかった。

『それで「聖杯」というのは、受け皿で、恋愛的、肉体的なこととは関係なく、**宗教的、能力的なことで、イエスの、神の霊感のほうの、受け皿（後継者）**ということです』

って、レオナルド・ダ・ヴィンチが。これは、恋愛とか、男女間の肉体的なことは、まったく関係ないですって。

『ここの、ごっついみたいな人（ペテロ）が……この愛する弟子……一番弟子……に対して、強い競争心、そして非常な反感を持っているということを表現しています』

って。そして、耳を切ったこと。ペトロは、〝鶏が鳴くまで三回イエスのことを知らないというでしょう〟とも予言しているのです」

こういうふうに隠された移動線は複数あって、そういうのが交わるはずになるらしい。交差して、十字架になって……

「『でも、次の時点では、話されていくでしょう。イエスは、十字架にかかってしまいますから。ペテロは岩ですから、頑として止まっていて波に動かされず、やがて、その上に教会が建てられるのです』って」

これはそういう画想で描いてあっただろうことは、将来、何からの方法で、示されるとよい。

「『そして、自分は描くのが遅いですから、描いているうちに、壁が固まってしまったのです』って」

Q&Aの可能性

やっていて、ふと思った。今後世界で、訊いてみたいレオナルド・ダ・ヴィンチ関係の、学術的に大切なことが出てくるかもしれない。その時のためにと思い、一九六二年に、研究者のための一般的Q&Aを準備した。これは、かなり早期に、モンナ・リーザ出現前に、一般的内容でレオナルド・ダ・ヴィンチに頼んだのである。

：レオナルド・ダ・ヴィンチ先生！

そう、大きい声で私は呼びかけた。

「……レオナルド・ダ・ヴィンチが
『はい！』

って返事しました」

：いま、こうやって日本で、レオナルド・ダ・ヴィンチが話して、こっちに聴こえて、こっちから言うのもそちらに聴こえて、客観的に、相互に確実に会話が成立しています。もしも、これがヨーロッパやアメリカで、それとも、イギリスとかその他の国でも、誰かがレオナルド・ダ・ヴィンチに言いたくて話したとすれば、それが、レオナルド・ダ・ヴィンチに聴こえるっていうことはありえますか？

「レオナルド・ダ・ヴィンチが
『聴こえると思う』

って」

そう、長谷川わかが、すぐに通弁した。〇・五秒とかからない。

：じゃ、レオナルド・ダ・ヴィンチ先生としては、今後、どこかの外国から質問した場合、質問に答えてくれるって約束してくれますか？

「……レオナルド・ダ・ヴィンチが
『質問してくれれば、モンナ・リーザのことは、もう云ってしまったし、他の人から後ろ指さされるようなことは何もしてないから、知っていることなら、訊いてくれれば何でも答えます』

って。

『ただ、自分としては、今日初めて、呼びかけられて応じて云ってみて、今日初めて通じましたから……』

って。そう云っていますが」

私は絵とか、音楽的なこととか、ヨーロッパの文化的なことを、よく知らないので、訊けません。ですけれども、レオナルド・ダ・ヴィンチ先生のことを研究しているかもしれない世界の他の人から質問もありうるでしょう。

こういう時空を超えてコミュニケーションできる事実。そういう特別の脳。そういう特別の超時空ドローン的視聴覚。そういう方面に、我々は、実験の重点を持っています。長谷川わかと協力して、堅く閉じていた情報のトンネルを開いて、超時空で、情報交換・議論できるというレールを敷いて&かつ一回、ちゃんと電車を通らせました。この内容を事実として刻んで遺します。

これは可能性でなくて、レオナルド・ダ・ヴィンチ先生と交際してQ＆Aディスカッションした客観的表示です。

だから、今後、世界から、何らかの質問なり説明要求が、レオナルド・ダ・ヴィンチ先生にあったら応じてくださって、その時に、日本からの実験に、ご自身で自らゲスト出現したということ、そして、私たちと日本で会話とディスカッションした様子や内容を詳しく証言してください！　そうすれば、時間を超えて、クロス実験になります。協力お願いします！

「……レオナルド・ダ・ヴィンチが

『わかりました』

って」

：　モンナ・リーザさんにも、そのように、お伝えください！

「……

『そうしてみます』

って。レオナルド・ダ・ヴィンチがそう云いました」

イエス・キリストと

特に脳科学の勉強をするのに役立つと思い、コンピューターを職業として始めるに当たって、あまり、宗教的なことは関係ないと思っていた。ここは最後のチャンスと思い、イエス・キリストに直接お目にかかってみようと決心した。

あらかじめ、日本橋三越でクリスマス用に販売していた珍しいロウソクを買っておいたので、鞄に入れて大学の帰りに、晩、長谷川邸を訪問した。一九六三年十二月十五日である。長谷川邸の東工大付近の、こげ茶色の塀には、ケネディー暗殺の予言（一九六三年九月二日）があったことの証拠を示しているディスプレイ（一九六三年九月十二日開示）があった。通行人や、東工大の学生や、警察・交番の人々にも見せておくためでもあり、塀を四角に切り開き、危険な凶器を示す物を入れて示し、ガラス張りの両開きの扉は大きな鍵がかけられてあった。鍵をつくる時、長谷川が「スーパーで売っている三センチくらいの鍵でいいですか?」と長谷川の〝神〟に訊いたところ、〝神〟は、『そんな小さなものでは駄目だ、ガラスの入った両扉を繰《く》って十センチくらいの南京錠をバーンと厳重にかけろ!』と云ったので、そうしてある。

長谷川わかは、どこにも言えないので、〝神〟の予言を受けたということ自体の証拠をつくっておくために、立川の大島大工に電話をかけ、リアルタイムに頭の中のSMA大脳上言語野で彼女固有の名のなき神（多神教だから多神の一柱）がトークするのを、同時通弁みたいに、というより即語即語で言って、作成を頼んだ。立川の店で十日間でつくり、ガラスもはめ、小型トラックで運んできて取り付けた。

大工の棟梁は、電話を受けた翌日サイズを測りに来て、指示やつくり方が的確であったので、感心していた。棟梁なのに、私が会った時に、「長谷川先生の神様は、姿も見えず、居るか居ないかも分からないのに、ピタッと指示しました。オレも神様にデエク（大工）の弟子入り、したいでっす」と言った。現場に行かずにミリ単位で分かる技能だ。

さて、門から入って、上がって、挨拶以外何も言わず、天照大神を中心に、神道霊感派の神や、不動明王《ふどうみょうおう》など、祀ってある神前に進み、紅白青黄緑の五本のねじりローソクを一列に立ててマッチで火を付けた。そして、まず、ドロンドロンと忍者が消える時に切る九字みたいに両方の人差指を立て、両手を組み合わせ、一礼してから目をつぶり、神道の祝詞《のりと》「払いの言葉」を祈り、仏教の「般若心経《はんにゃしんぎょう》」をあげ、次にキリスト教の主の祈り、Lord's Prayerを英語で唱えた。私だけだが、日本語でやると口が回らないので。

「Our Father Who Art in Heaven hallowed be Thy Name …… Amen」とやり、ジーザス・クライスト、メリークリスマス　お誕生日ありがとうございます」とやると、すぐ、

「あ、イエスさんが出てきた」

と長谷川わかが言った。

「こうやって輝くような白い衣でマリアさんみたいに両手を下からだんだん上げながら、開きながら、近づいてきます。

わたし、外国の人で、生きている人でも天使でも、こんなに頭のよさそうな人を見るの、しかも、間近に見るのは初めてだ。麗々としている。実に——。

……そうだ、この人だ、わたしの断食していた時に、わたしの〝神〟が現して視せたのです。『お前の霊感能力は、キリスト教のこのイエスと同じくらいで、霊感のやり方もこの人と非常に似ていてソックリだ』と云われたのです。

その時、お釈迦さんも視えて『これは出家する折だ』と云って、白い馬に乗って馬丁が引いている姿を視ました」

私は、一時、お釈迦さんも視てもらおうとして、四回やってもらったが、四回とも、インドの山の中の岩だけだった。六道輪廻《ろくどうりんね》を解脱《げだつ》しているから。

長谷川わかは、こう言った。

「いま、わたしの胸の全体の所から、イエスさんの胸に向かって、わたしの生まれてからいままでの全部の情報が、生きていた時間順に、生まれてから幼児になり、大人になり……という順に、どんどん伝わって行っています。それと同時並行にイエスさんの、生まれてから育って……全生涯のことが、わたしの胸に、イエスさんの胸のほうから入って来ています」

立っている存在濃度約九〇％のイエスと、私の右後ろに座っている長谷川の胸の距離は一メートルから一・五メートルくらいである。この時間は四十秒くらいだった。

私は、次に、私自身の胸全体から、これまでのすべてのことが、イエス・キリストのほうに、テレパシー的に吸収されつつあるのを感じた。

この感じは、一九六二年に私が長谷川邸に「自動車が動かなくなったので修理工場から引き取りに来るまで、明日の朝までお宅の塀の前に置かせてください」と言いに行った時に、無言で見下ろしていたので、腹が立ってきて、ひと言言ってやろうと思ったが、もう一回頼むと、「車を置くのはいいのです。ただ、わたしは、あなたがおいでになる三十分前に、わたしの〝神〟に『こういう人がいま三十分すると来る』と云われたのです」と言われた後、私の胸の四角い部分から、まるで空気の波がゆらゆらと目に見えるかのように流れていくのを感じた。

だから、そういうテレパシー的に情報が行くというのを経験していたから、そういう感じを自分で判断できたのである。

キリストからのテレパシー情報は、私には来なかった。

テレパシーだけで終わって、消えられたら終わりだ、急げ。優先順位が大事だ。私は、そこにいま、出現されているという、イエス・キリストに質問した。

：　大変恐れ入りますが、質問させていただいてもよろしいでしょうか？　イエス様はご結婚されていましたでしょうか？　地上にいらっしゃいました時に

私の質問の内容は、直接相手にイエスに声で聴こえて届くだろう。レオナルド・ダ・ヴィンチもそうだったが、経験上。私はイエスの答えは聞こえないから、長谷川わかの耳に聴こえるのを、いつものように言ってもらう。

「『結婚はしていませんでした』

ってイエスさんがそうあなたにおっしゃっています。さっきの胸から胸への伝達法じゃなくて、普通に人間が話すようにおっしゃって、わたしの耳にちゃんと聴こえました。日本語で。

『ワタシは自分の生涯を通じて、いかなる時期も、いかなる女性とも、男女関係にあったことはありません』

っていま、そうおっしゃっておられます」

：分かりました。ありがとうございました！

そう私は言った。すぐに、直前に長谷川わかがイエスと生涯の内容を相互情報交換したので、長谷川わかに、私のたったいまなしたイエスとの間の問答と差異がないか違っていないかをチェックしたが、

「そこの所は、わたしが受けたのとまったく同じでした。わたしはもっと全生涯教えていただきましたが、その部分は同じです」

と答えた。

：イエス様、質問いたします。「ピリポよ、こんなに永い間、ワタシと一緒にいるのに、まだ、分からないのか？　ワタシが話しているのは、自分で考えて話しているのではない。父が——というのは神ヤハウェが、というのでしょう——。父がワタシにいて話しているのである。ワタシが技を為すのは、ワタシが自分で為しているのではない。父がワタシにいて、技を為しているのである」というようなのが、聖書にありますが、本当にそ

の通りだったのだと思います。初期のほうに、イエス様がエルサレムの神殿で、商人が売っている山羊や牛をおっぱなしたり、商人の店を壊したりされたのは、神がイエス様の身体をＵＳＩＮＧしてやったと思います。また、「山上の説法」で、イエス様が自分で考えて話したのでなく、神が憑依《ひょうい》して、イエス様の声帯や横隔膜あたりの筋肉とか、イエス様の口、声帯、舌を使って神が話されたのだ、と思います。また、ご変貌・ご変容があったのも事実と思います。いかがでしょうか？

長谷川わかが通弁した。

「『そちらにおられる方の考えている通りです』って」

：　ありがとうございました！　アーメン

それで終わりにした。これは、《最後の晩餐》の内容をはっきりさせるためであった。

「はあ～、これがイエスさんか、キリスト教の……。麗々としていた。麗々としていた」

と、長谷川わかは言っていた。

長谷川は、通じさえすればいいので、祭壇みたいなものとか、神前は本来必要としない。それでも、天照大神を中央に祀り、毎日まっ先に天照大神を拝んでいた理由を聞くと、天照大神は日本としては、日本は多神教でも一番大元の神であるから、また、日本人としても一番上位の大切な神であるから、そうするのです、と答えた。あまりにも恐れ敬っていた。

しかし、この日、間接的に天照大神、その妹神、他二女神、男神三人組の住吉大神《すみよしのおおかみ》――表筒男命《うわつつのおのみこと》、中筒男命《なかつつのおのみこと》、底筒男命《そこつつのおのみこと》の各命が現れ、まざまざと、その古代からの神たちの実在と威力に驚き打たれた。これらの神たちは、高天原《たかまがはら》という日本の上空一万メートルに実在し、時に応じて地上に、そして各神宮&神社に来ている。行ったり来たりしている。また、各地を観ている。ドローンのように。上空一万メートルはジェット旅客機が飛ぶが、神は透過となる。

神々は、ことあれば、いろいろな方法で伝えたいが、受ける側で、その態勢を取ってないと、伝えようがない。

日本の神々がDNA的に（男系男子に限る）ダイレクトにバッと天皇を分かり、天皇を通じて日本の国家、国民のことが分かる。

例えると、よい霊感の使い手がいるとすると、ある社長が来て、審《み》てもらうと、そのお客自身を審ると同時に、その会社のことが分かるようなもの。神々は、天皇をバッと分かり、そこを通じて国家・国民全体の情況が分かる。

祈れば一方的に神に通ずるが、答えは聞こえない。それで、長谷川わかのような聴こえる人、またはシステムに、神から託して、元の祈った人に伝えてもらう。

第五章

ダ・ヴィンチの手稿と仕事

《スフォルツァの巨大騎馬像》
《白貂を抱く貴婦人》

イタリアとフランスからの四・七次元

「ここに机があって、レオナルド・ダ・ヴィンチが机の所で座っていて、帳面みたいのに何か熱心に書いているの……」

おかしいと思う。人間ならともかく、〝もの〟がここに出るというのは。

…その机って、どこにありますか？　ここに机ないですよ。姿が立って視えるだけというなら、私自身が故障の三十分前に、自動車走行中に、お宅の玄関に出現して視られましたから、納得できますが……。どういうのですか？

「ここに机があって、本当にあって視えていて、レオナルド・ダ・ヴィンチがここに椅子に座っていて、書いているのです」

「これ、昔のヨーロッパでしょうが、あっちの、昔、レオナルド・ダ・ヴィンチが住んでいた館の中が引っ越して、ここに来ちゃっていて、ここに現れていて、床も、それから敷いてある絨《じゅう》毯《たん》も見えていますし、窓も、景色ごとこっちに来ちゃっています。そこに机が置いてあって、そこで椅子に座っていて書いています」

…それは、場所はどこだったのですか？

「『自分の住んでいた所で、いまでいうとイタリアと、そして、最後のほうはフランスのアンボワーズという所だった』

って。

『そこで、フランス王フランソワーズ一世から館を与えられて住んでいたんです』

って」

知らなかったが、そういうことで《モナ・リザ》の絵はフランスの〝国家の間〟にあるというわけだった。


かつて長谷川わかは、五十日間の断食明けの記念として、身体は部屋にいるまま、視聴覚と理解力とが独立して飛び、超時空で飛ぶスーパーウーマンみたいに、彼女の〝神〟とともに、自由の女神、ナイヤガラの滝、凱旋門、エッフェル塔、ピラミッド上空、ピラミッドの中、キリスト教の教会堂、仏教寺院、神道の神社など、世界中に行った。

いまは、かえって、レオナルド・ダ・ヴィンチ、モンナ・リーザなど、逆ペガサス、逆タイム・マシーンみたいに来ている。視えているレオナルド・ダ・ヴィンチの足が現代の地上に立っている。身体が等身大の姿で出ていて、周りの環境は日本のこの地面の上である。

：　そのときの世界も、ここに一緒に来ていたのですか？
「そういうことになります。窓から視えている景色全体が来れば、土地も来ていたということでしょう」

情報としては、ということである。どういう原理か、いろいろ自動ズームされる。

こういう場合、固有名詞が出るのは非常によい。出現者本人の記憶から出るので、本当に住んでいないと出ない。「アンボワーズ」という発音がフランス語的でない感じがしたが、（一九六二年当時で）分からない。将来のチェックの時期を待つのみだった。

：　レオナルド・ダ・ヴィンチ先生、何と書いているのですか？

私は、ちょっと視てみたい気持ちになったが、私には視えないから、気にしつつ、直に声をかけた。

「『自分で発明したものとか、考案したことを記録しているんです』って」

：　レオナルド・ダ・ヴィンチが自分でそう云っているのですか？

「そう」

これは、かつてN氏が教えてくれたことと合致している。

：　いま、それを書いているペンは、どういうのですか？

「シャープペンみたいのです」

昔の映画などでは、昔は文字は鳥の羽を削ってインキをつけて書いていたようである。

：そのペンに鳥の羽は付いていますか？

「いえ、普通にいまの学生が使っているシャープ・ペンみたいのです」

：長さはそれぐらいですか？

「どのくらいかな～。十三センチか十四センチぐらいっていうところかしら」

長谷川わかは、自分に視えている像を目測して言う。数字で見えたり、観念で出るのではない。

：材質は何ですか？

「金属でできています。金色っていうのうかなあ、これ真鍮《しんちゅう》みたいのです」

：どう書けていますか？

「どんどん速く書いていて、書き終わった所は、黒で、クッキリ視えています」

そういうスピードで書いていたとは、想像していなかった。

「レオナルド・ダ・ヴィンチが、

『このペンの中が管になっていて、インクを溜《た》められるようになっていて、インクが長持ちするんです。こういうのじゃなければ、早く書けないから駄目です』

て。いまの時代なら万年筆みたいなものでしょう」

そんな昔にそういうのが工作技術的にもあったのだろうか。

そういう細いパイプの製造技術があったのか疑問だった。現代のボールペンのタマを外してインキが出るようにして、それで、先をなめらかにすれば書けるのか、疑問だった。インキ・ペンは自作か市販か訊きたかったが、質問しなかった。これは、道具の技術史、機会加工技術の分野で、記録もあるのだろうから。

「さっき、ベランダ（バルコニー）で描いている時もそうでしたが、レオナルド・ダ・ヴィンチは左ギッチョで、こう、左から右に向かって字を書いています」

と長谷川わかは言った。私が小学生の時、中学生Nが言っていた鏡文字であろう。

：　そういうふうに、左手でひっぱるみたいに書くのじゃ、書きにくくないのでしょうか？

「いいえ、ちゃんと力を込めて書いています」

：　そういうの、視えないでしょう。どうして、分かるんですか？

「そういうのは、わたしが自分でペンで書いているみたいに、ピクピクこっちに、わたしの左の腕に力が伝わってきて、分かりますから」

：　いま、伝わってきているのですか？

「そうです」

と長谷川わかは言った。

「外国人が英語とか書く時もそうでしょうが、普通に日本人が横書きする時、右手使って、左から右へ向かって力を入れて書くでしょう？　それと同じように――って言っても、レオナルド・ダ・ヴィンチはこれを全部とも普通の日本人が書くのと反対の対照にして――やっているんです。左手を使って右から左へ、力が入っていて、ごく自然に書いているのです。手も反対、書く方向も反対、それで字は全面的に左右裏返しになって書けていっています。書いているスピードは速いです」

マルチ機能

これは、長谷川わかのマルチ優秀機能のうちの一つである。〝神〟がそういう方式での揮毫《きごう》をやらせて小筆でも書いていたから、そういう時に、左手にボールペンを持たせれば、レオナルド・ダ・ヴィンチの自動書記で鏡文字を書いたであろう。私もはじめは、こういうのを、実感をもって理解できなかった。

こういうのは、大昔のルネッサンス時代に、レオナルド・ダ・ヴィンチが書いていた、神経のパルス情報が来ているのか、それとも、いまここで、ダ・ヴィンチが出現していて、意思を持ってやって見せている、その透明脳の、説明できない神経的作用の活動から発して来ているのか？　それが受信されているのか？

質疑応答がパッと一秒しかおかないでできるから、死んで腑抜《ふぬ》けになっている過去の残像から来ているのではない。ただの残像なら、こういう生き生きしている掃除反応はないはずだと思う。

レオナルド・ダ・ヴィンチが書いていた、いや、書いていつつある、その筋肉制御の発火のパルスが見えざる、理解しえざる時空を超えて、筋肉への内部出力パルスが、長谷川わかにトランスファーして来ているのだろうか。これがどうもよく分からない。研究が必要だ。魂の入っているレオナルド・ダ・ヴィンチ3D画像なら、脳も神経も筋肉も働いているように見えるが、それ以上に、長谷川わかの左手の筋肉に、無線でくるように強く伝わってくる。

イタリア人はこれまで、神経科学で大いに貢献している。G生体電位の発見とか、カイエニエロ（神経細胞の発見）とか、また、マカロック＝ピッツの開発した神経の数学モデルもある。これは、AIの根本と思っている。

いまで言えば、ヴァーチャル・リアリティーで圧感を与えるグローブ機器があり、手の外からの力学的な伝達だが、この日午前中、一九九五年に来るはずの神戸地震の警告を受けた時は、彼女の身体の内部で地震が起こった。大脳（補足運動野）で受信して神経的に感じさせられるというのだろうか。センサーベース的な超時空での伝達ルートは超時空で来るのだろうか？　それを長谷川にたずねると、

「『そうではなく、人間としての霊感の実力で分かったのだ』

と私の〝神〟が云っています」

と、彼女の〝神〟から云われた。

……ちょっと伺います。ダ・ヴィンチ先生は、どうして字を裏返しに書いたのですか？

「『こうして逆に字で書いておくと、ちょっと見ただけでは読めないから、うっかりその辺にノートを置きっぱなしにしたりして、掃除をする人とかに見られたりしても安全だから。その人自身は訴えなくとも、他の人に言って、そういう変なのをやっているっていう噂を立てられて、それを聞いた他の人から、そういうのにうるさい所に言いつけられて、当時の、こういうことに厳しいキリスト教会などで問題になって役所から呼び出されて、記録を取り上げられて燃やされたり、迫害されることも考えられます』って。

『自分の死後でも、こうして注意力も視聴覚力もありますから、世の中の様子を見ていて、そういう傾向は続いたのです……。この手記を保管する人が迫害されたり、手記が燃やされたりしてしまうという、そういう危険は同じだったのです。せっかく自分の考えたことを燃やされてしまいます。

死後も世の中の様子がいまと同じように視えていて聴こえていたのです。いま、このいまと同じです。考えられるし……』

って」

：　ハイ

死後も……という所がとても引っかかった。

「『それで、せっかく努力してやったのを全部駄目にされるから、そうならないように、裏返しの字で書いていたのです。書いた目的は、こういうのは、自分の時代では無理だけれど、後世の人々に自分が考えたことを見てもらって、評価してもらえるように書き遺したのです。ですからこれを法的に正式に遺言して、一番弟子に託して、世に残るようにしたのです。それで、自分は絵をいつでも左手で描くから、いつもそうやっていて慣れていて、このほうが書きやすいし、速く書けるから、ちょうどいいんです』って」

ルネッサンスというと、自由な雰囲気に感じられるが、こういう方面に非常に厳しかったのだとレオナルド・ダ・ヴィンチは云う。

：　長谷川わか先生、すでに帳面に書き終わってあるのは視えますか？　視えているのを帳面をパラパラめくるみたいにして、視てみてくれますか？

こういうことを注文してみた。できるかできないか、わからない。だからこそ。これが、こういう実験における勇気である。ともかくも訊く。訊きそこなうと永久に人類から知られざるままになって、文化のコンテンツのＧＥＴが駄目になる。無理を承知で言う。

小野道風は平安時代に貴族出身でないにも関わらず、学者として活躍し、三蹟のひとりとしてより、努力の点で後世に名を残した。河辺で蛙《かえる》が柳に飛びつこうと、何べんも何べんも飛びついては落ち、飛びついては落ちしながら、最後には成功するように、身分や立場のハンデに苦しみながらも、最終的には成功した。これは大石内蔵助から教わったことである。

余分なことに悩まず、苦労を全部、目的に向かった努力に向ければ、すべてにとってよい。

長谷川わかは言い出した。

「こういうの、ノートブックみたいのを目の前に開いて視ています」

これはしめた、が、本当かなと疑いを持つ。質的に量的にどう分かったたか、分からない。……どう視えますか？

「これ、レオナルド・ダ・ヴィンチが視ているってのじゃないの。わたしが視ているんです。……わたしがそっち側へ行って、レオナルド・ダ・ヴィンチが書いている、そこの机の反対側からのぞいて視ているとか、書いている横の脇からのぞいているのでもなくて、わたしが学校の机に座って、自分の机で帳面を開いて見るみたいに、自分用に正位置に視えています。

これ、絵もたくさん描いてあって、帳面めくるみたいにめくっていて……。いろんなの、あります。城壁だの土木工事みたいのだの、橋だの、大砲や、大きい石投げ器みたいな昔の兵器みたいのだの、それから、人間の身体の筋肉の解剖図だの、スケッチと文章で、いろんなものが書いてあります」

：ハイ

「レオナルド・ダ・ヴィンチが

『自分は、都市計画も考えたのです……。それから、トンビが飛ぶのを観察して、人間の力で飛ぶ機械も考えたけど、やっているうちに、こういうやり方では、人間の力だけでは動力が足りないから駄目だということが分かったのです』

ってそう云っています」

確かに、航空機が飛ぶまでには、軽い機体構造とか、もっと高速の空気流とか、エンジンの開発が必要であった。

彼は、空気力学は、トンビの観察で、かなり考えていたらしいのだが、コウモリ的人力の考案は、まずい。観念的デザインでなく、グライダーの模型をつくって飛ばせばよかったと思うが。迫害されないだろう。

レオナルド・ダ・ヴィンチに交友について質問すると、

「『数学者にジョルダンという友人がいて、その人の本をつくる時に、自分が多面体の図を描いたのです』

って云っています」

と、長谷川わかを通じて答えが来た。また、

「『同じく、友人の数学者のパッチョーリは近代会計学の基礎をつくった人で、〝複式簿記〟も考案しました』って」

長谷川わかの口から〝複式簿記〟という言葉が出た。

かつて、某一流企業で、東京・大阪にまたがる社内の大金横領事件があって、何ヵ月も解決がつかず、料理屋で刑事と七人もの重役が、どうするか相談していた所へ、他の用事で長谷川わかがやって宝塚のような袴姿で拝む長谷川を見て、重役たちは、

「おい宝塚オガミさん！」

などと揶揄したが、彼らの抱える難題を完全に解決したので、重役の一人は「俺は知能程度が低いのか知れん」と言った。

長谷川わかには簿記の知識などないが、彼女の口から〝複式簿記〟という言葉が出るのも、自然なことである。

レオナルド・ダ・ヴィンチはマキャベルリーも知っていると言ったが、マキャベルリーは、強引な所があるから、私も、長谷川わかも、誤解されたりすると困るから、これは訊くのはやめた。

ビッグなチャグチャグ馬コ

：　先生、さっきまでレオナルド・ダ・ヴィンチが、帳面に何を書いていたのですか？

「木馬かしら。そういうようなのでした」

まさか木馬の玩具《おもちゃ》ということはないだろう。ついに、長谷川わかにノイズかエラーが起こったか、ダ・ヴィンチ側で情報の混乱が起きたか。

「これ、東北のほうの玩具のチャグチャグ馬コ、それの大きなのかな……そういう感じでもないし……」

彼女はそう言っているのだが。「馬コ」は「馬っこ」である。


：　どういう色ですか？

「白に赤のです」

白に赤のタイルを互い違いに貼った市松模様なのだろうか。

昔、午年の正月に、そういう色模様の馬の玩具に、緑の松を添えた年賀状を見たのを思い出す。でも、これじゃ〜、あまりにも日本的過ぎる。

「そうじゃなくて、白いノートに赤えんぴつで書いてあるの。馬の頭や首のほう、竹じゃないでしょうが、日本の庭によくある、桝目に竹垣を組み合わせたみたいになっていて、これ、どういうのかなあ？　西洋でも、馬の張り子をつくるってことなのかなあ。西洋の張り子なんてあるのかしら？　よく分からないのだけれど……」

こういう情報実験の初期条件とし、何も知らないのは、いい意味でおめでたい。新しい、知らなかった情報をＧＥＴする気配がある。痛快という言葉は、まだ抑えるが、楽天的に——というほど——新着情報が自動入力して来る。

貴族を遊ばせる娯楽用システムの表側のほうだろうか？

：それ、先生に生まれ変わった水戸黄門の、江戸の邸あと（のちに東京ドームができた）の、後楽園遊園地にあるような回転木馬でしょうか。

「いえ。……それで、それと別に大きな馬が視えていて、それが、ただこれ、大きいという言葉じゃ足りないぐらいの、もう巨大というような馬です」

わけが分からないままに、猪突猛進《ちょとつもうしん》で質問してみる。

：トロイの木馬ですか？　あの大きな……

「……レオナルド・ダ・ヴィンチが

『これはブロンズの騎馬像《きばぞう》です。こういうのを、たった一回の鋳造でつくろうとしたのです』

って、そう云っています。

これ、いま、わたしに視えていて、ただの馬の銅像みたいですけど、大きさが、ものすごく大きくて、人間の四、五倍もあるの。馬の足一本だけでも、人間の二倍も三倍もあるわね……」

とても、考えられたものじゃない。

ただ、大きいというばかりじゃ、自分としては、あまり価値を感じない。

レオナルド・ダ・ヴィンチは、ここで後退している感じがする。長谷川わかに出る以上は、何かは、意味はあるのかもしれない。純粋に正確に、そして、実験結果が公に、文明発掘的にも、文化的にも、学問、科学にとっても有益であるように調査しないとならない……。

それの、サイズを訊くべし。

……馬みたいのは、メートル単位で言ったら、どのくらいの大きさですか?

「高さが、七メートルぐらいです。日本の普通の家屋の二階の天井ぐらいまであります」

……そんなに大きいですか?

そういのはとても考えられない。でも、レオナルド・ダ・ヴィンチが、ここで、この場で、ただ大きいだけというのを、いまの時代になっても、こだわって強調するというのも腑に落ちない。こういういまのｂｅｉｎｇ（現存在）になっていても、こうやって、感情も豊かで誠実な人柄を示して、記憶があり、頭がよく働き、交際していて分かるが、話すだけ以上の理性はあるのに。足踏みして、時代遅れみたいで、受け取りにくい。

よく知らなかったが、美術は特別な高貴な面があるらしいが、それは別として、少なくとも体積のあるものなら、メカニズム（機構）がないのでは、ダ・ヴィンチらしくない。エンジニアリング的に後ろ向きに見える。彼に不満を感じる気もするが、仕方ないから付き合ってみる。

「レオナルド・ダ・ヴィンチが
『これは《スフォルツァの騎馬像》というものです。こういうのを、スフォルツァ家の親の記念につくることを頼まれていて、大きい騎馬のブロンズ像を鋳造してつくろうとしていたのです』

って。

『それで、これをパーツごとに鋳造してから組み合わせる方法じゃなく、たった一回で、馬一頭全身を鋳造しようとしたのです。鋳造物が大きいから、そのための鋳造用の装置なども、いろいろ、たくさん考案したのです。そして、この騎馬像の原型もつくってあって、いざ、実際につくろうとして計画して……』」

：　待ってください。原型って何ですか？　それが標準のものなら、もう、それができれば完成で、それでもうよいんじゃないですか？　何でもう一回つくるんですか？

「レオナルド・ダ・ヴィンチが、

『これは、仮に粘土みたいのでつくったので、長持ちしません。これの本物をブロンズ、青銅でつくるのです』

って」

：じゃあ、その騎馬像の原型はどうやるんですか？

「『騎馬像を鋳造するために、原型から鋳造用の皮みたいな型をとって、内側に少し小さめの皮をもう一つつくってあてがって、これを入れ子みたいに二重に組み合わせておいて、その二枚の皮の隙間にブロンズを流し込むのです。それでできたものが、中空のブロンズ像の皮です。

これは、そういう枠をつくるための、原型です。原型を元にして、たった一回だけの鋳造工程でつくるのです。こういう方法は、いままでなかった画期的な方法なのです』

って」

分かったような、全然分からない。造船技術に使えるのだろうか？

「これ、原型って、洋服で言えば仮縫いのようなものです」

そうなら、三次元的な型紙ということになるのだろうか。

それで、レオナルド・ダ・ヴィンチからオレンジを例にとって、やや、詳しく教えてもらった。原型の皮を取り、少し小さめなのを内側へ付けて、その隙間へブロンズを流し込む……。

「『それで、ブロンズの材料も集めたけれど、ちょうどその頃にフランスとの間に戦争が始まってしまって、用意した材料を大砲を鋳造するのに使われてしまって、実現できなかったのです。原型はあったけれど、フランス軍が入って来て、立っている原型の馬を兵隊が射撃の練習の標的にし、撃たれて壊されてしまったのです。それで、完成しませんでした』

って」

その通りに長持ちしなかった。これで青銅で完成していたなら、いまでも存在していたのであろうけれども。

日本で大仏鋳造をやって、大地にドテッと座禅した安定状態で何回にもわけて鋳造していたが、それと比べると、これは空中に大きな胴体を存在せしめて四本足で立たせるという。これを、つくるときは、一回だけで、地下で、横向きに鋳造する計画だったらしい。

：　長谷川わか先生、その状景は、レオナルド・ダ・ヴィンチの時代を、超時空式の望遠鏡で、時間空間を超えて視ている感じですか？

「いえ、そういう視え方じゃないです。レオナルド・ダ・ヴィンチが、昔住んでいた部屋とともに、こっちへ来ちゃっているって感じです。いま言っていた、全部が」

物質実在的には違うだろうが、情報的にはそう思える。こっちも、急なことでロジックが泥縄式で、未熟ではあるが……。でも、重複があるときは、再現性のチェックをしているのである。念を押すために、質疑応答でわざと逆転させて質問したりしていることもある。

彼女自身の人間としての感じ方も確かめておこう。

……すると、さっきの《ヴィーナスの誕生》のモデルも、レオナルド・ダ・ヴィンチも、モンナ・リーザも、日本に来ていた、っていう、そういう感じですか？

「……そう……と言うしか、わたしからは、言いようがないです」

と、長谷川わかは言った。

過去の世界の時空が来てしまっていた、と言う。

……最後の晩餐もそうでしたか？

「そうです。ここの所の、ここで、目の前に、こう大きくあって……。そう視えていたのです」

自動テストのラッシュ

一段落ついた。ホッとしていると、

「あの、いま、こういうのが視えているのですけど……」

と、長谷川わかは手で合図した。

：　どういうのですか？

「これ、生き物って分かりますが、何でしょうねえ？　白い、赤ん坊の羊なんだか、でも、角《つの》は生えてないし、白い猫かな、猫にしちゃ顔が長いから違うし、室内犬だろうか、そうじゃない。白いイタチだか、うちにいたポチとも違うし、こういう白い小さい動物を抱いていて、とても上品な女の人がいるのを描いた絵が視えています。

それで、これ何ですか。額に鉢巻だかヒモだかを巻いたみたいになっていて。それで、西洋ですから数珠ではないのでしょうが、でも、これ、やっぱり、黒い数珠をかけています。これは、モデルは《モナ・リザ》の絵よりも、《ヴィーナスの誕生》の裸の女性に近いです。

レオナルド・ダ・ヴィンチが

『これは、《白貂《ハクテン》を抱く貴婦人》という題になっていて、こういう絵を描いたんです』

って。あ、これ、視えている女性、生きている本物です……」

：　どうして本物だって分かりましたか？

「絵を描くときにレオナルド・ダ・ヴィンチが白い動物を形ばかりに抱かせていたわけではないです。この女性はこの白いイタチみたいな動物に、愛情を持っていたんです。室内で飼う犬とか猫など、ペットのようなものだったのかもしれません。この白い動物を落ちないように、赤ん坊を抱きかかえるみたいに、ちょっと抱えたりしていたんです（３Ｄムーブ）。

このチチリア・ガレラーニという貴婦人は、優雅で上品で綺麗で、そして、教養があって、そして、かつ踊りがうまいのです。その周囲で、云っています」

：　周囲とは何ですか？

「その貴族の邸の中とか、社交界で、シャンデリアがあってパーティみたいので、人々がその貴婦人を称賛しているのです」

それで、このチチリア・ガレラーニという女性も何を質問すべきが分からず、質問を開発するのに時間を使ってしまった。あとで、ちょっと踊ってみてもらえばよいかとも思ったが、でも、踊りを長谷川わかを通して視るのに、手足や身体の動きなど、ある程度３Ｄ連続で視ないと、芸術性を伝達してもらうのは難しい。時間もかかるし。それで、踊りの注文はできなかった。あきらめる。

白貂は、長谷川の右横を通って後ろへ走り去った。

ダ・ヴィンチの《ヴィーナスの誕生》

ヴィーナスのことでぜひ訊いておく。

：　長谷川わか先生、レオナルド・ダ・ヴィンチはまだ出ていますか？

「ええ、ずっといます」

：どこですか？

「わたしとあなたとレオナルド・ダ・ヴィンチで、正三角形です。一辺が一メートルです」

：レオナルド・ダ・ヴィンチ先生、脳科学、情報工学と世界のために伺いますが、《ヴィーナスの誕生》のモデルの女性は描かなかったんですか？

「『……ウフィッツィー美術館の《ヴィーナスの誕生》のシモネッタはモデルになってくれそうだったし、自分も、この女性の絵を描きたいと思っていて……。それで、ほぼ、本人から了解得られて、正式に申し込んで、周りの人たちにも了解が取れて、本気で描くつもりで、心に準備していたんです』って」

：どういう絵にする予定でしたか？

「『ボッティチェリの描いたのと同じように神話に題をとって、裸体画にする予定でした。神話は、愛と美の女神とは別のにするつもりでした』って」

：どういう絵ですか？

「『このような神話は五十ぐらいあるのです』

って。

『その五十のうちから、内容などで絵にできるかどうか、篩《ふるい》にかけて、十選んで、さらにまた、二つに絞って、そして、その二つの神話のAとBどれにするか、思想、構想、構図とか、いろいろ考えながら選んでいて、心に準備していたけれども……』」

：　そういうのは、個人プロジェクトでも、描き始める前に徹底的に検討して最終的に決定してから、計画、構想、構図とか、するのじゃないのですか？　現代人だったら、そうするでしょう。

「レオナルド・ダ・ヴィンチが

『いいえ、自分のやり方は、どちらにするかは、構想、構図など、色彩、人物を考えながら、同時並行して何を描くか選んでいくのです。もし神話の題材や内容がよいとしても、絵に描く場合、主題の内容自体が抽象的で描けないとか、視覚化しにくいとか、自分の技量の範囲で可能か、また、全体の風景、形、色彩とか、表現上とか、技法上描きにくいとか、あります。総体的に考え合わせながら、選んでいくのです。五十から十に絞る時は、内容でやりますが、十決まったら、あとは同じ力を持つ選手です』

って」

長谷川わかが、そう通弁した。レオナルド・ダ・ヴィンチが自動翻訳スピークしたのを、耳に聴こえるままに、声に出して、長谷川わかは通弁した。

：　どういうのが描きにくいのですか？

「『衣装のことでいうと、女神は裸体ですからそのままの姿で描けますけれど、周りにいる人々の衣装とか、そのころの人物は、そういう衣装を着ていたか、時代考証できないのがあります』

：　どうしてヌードにしようとしたのでしたか？　ボッティチェリの真似したって言われませんか？

「『裸体を、すでにボッティチェリが描いてあるので、あとになって、同じモデルを、ただの肖像画で描いても注目されないでしょう？　だからヌードです』

：　ナルホド。自信のほどは、ありましたか？

「『これは、自分としても、かなり力を入れてやっていたから、自信がありました』って。

『もし描けたとすれば、よいのができたと思います。《最後の晩餐》と違う傾向のですが、あのぐらいの大きさで、あのように広いのをつくるつもりでした』って、レオナルド・ダ・ヴィンチが」

：　じゃ、ああいう、ウフィッツィー美術館の《ヴィーナスの誕生》みたいのが、もう一つ、世界にできるところだったのですか？

「『そう思います』って」

：　はあ。それは非常に、なんとも、惜しいことをしました。世界中の美術研究家と美術

ファンにご愁傷様を言いたいです
「『それで、ボッティチェリがその《ヴィーナスの誕生》を描いてから間もなく、槍で、馬上の試合をしたんです』
って」
レオナルド・ダ・ヴィンチは、まじめな感じで話していた。長谷川の声の様子で分かる。
一瞬、若き天才数学者のガロアだったか、アーベルだったか、恋人を争って決闘したみたいにしたのかと、心配になった。でも、絵描きが馬に乗って槍持って決闘するなどとは、到底思えない。
そして、レオナルド・ダ・ヴィンチは、長谷川わかを通じて私に云った。
「『この試合は、フィレンツェ、ジェノワ、ミラノの同盟を祝っての、——イタリア内でも当時は各々独立国でしたから——祝祭典の出し物として、これに便乗する形で、お披露目があって、土地の名士同士でやって、馬に乗って槍で突きあって、試合に勝ったほうが、美しいお姫様（シモネッタ）を得る、という趣向だったのです。でもこれは、本式の試合でなくて、祝祭の儀礼で、あらかじめ勝つほうは決まっていて、……それで、勝ったほうの男性とシモネッタは本当の結婚式を挙げることになっていたんです。それで、そのときに、シモネッタは重い風邪にかかってしまいました』
って。
病室が視えていて、暖炉で部屋をとっても暖かくしてあって、布団もたくさん掛けて、美女が寝ていてるのが視えます。チンチン音がしていて、湯気が立ててあるのが視えます。重病です。ばあやが世話をしています」

：健康状況も視えるのですか？

「そう。これはシモネッタさん、わたしから診て、肺炎ですね。これ、わたしの職務のひとつですから」


この馬上の試合は一四七五年のことだった。

美術の書籍に、ボッティチェリが《ヴィーナスの誕生》は、美女を想像して一四八五年ごろに描いたとあったが、それは違う。われわれの観測では、この一四七五年の槍の馬上試合の前である。我々の実験チェックでは、ボッティチェリは、モデル本人を見ていて描いていた。我々は、立ち会っていた。レオナルド・ダ・ヴィンチも見聞してこう証言したし、レオナルド・ダ・ヴィンチが接してきた。この一九六二年当時、この場で、リアルに実績はあった。


レオナルド・ダ・ヴィンチが、ボッティチェリに対して、アンチテーゼ的に共鳴して出て、自作について解説してくれた。しっかり交際し、しっかり質疑応答したから、「こういう美術史の調査の道は堅《かた》くある」と証明した。また、そうできる自信を持ったので、これでリターンする。

第六章

実験を終えて

レオナルド・ダ・ヴィンチ空港

　こうしてQ&A交際をして感じたが、レオナルド・ダ・ヴィンチという人は、科学、工学などの知恵があり、工夫力、構想力や構築力や、事物に対する考察力、洞察力はあり、人柄は真面目で、誠実で控えめで、静かな感じの人で、そして心の状態は、落ち着いていているという印象を持った。

：　レオナルド・ダ・ヴィンチ先生のやっていた、工夫や構想が残っていて、現代に公にされているようですが、知っていますか？

「『知っています』って」

私は、神田の三省堂書店のガラスケースの展示で見たことがある。

：　じゃあ、現代のジェット機が飛んでいるのを視たことがありますか？

「『あります』って」

：　どこで視ましたか？

「『フランスの空港とイタリアのローマ空港で視ました』」

：　どういうのですか？

「『大きい旅客用の機体で、気流を後ろに噴出して飛ぶものです』」

：　それはいつでしたか？

「『フランスの空港のは、ルーブル美術館にウォタシの描いた《モナ・リザ》を観に行った時についでに見ました。イタリアのローマ空港のは、それよりも前に見ました』って」

：　フランスの空港では何回見ましたか？

「『八回です。それから、そうやって見に行っていた時に、機体の上部に回転する翼があるもので、垂直にあがってから水平に飛んでいくのも見ました。こういうのは、垂直にあがるのは、自分の考えていたのと原理的には同じです。ただ、自分のには、回転の反動を防ぐのは付いていませんでした』って、そう云っています、レオナルド・ダ・ヴィンチが」

と、長谷川わかは言った。

　垂直にあがるというのは、ヘリコプターだろう。私も、小学生の時にヘリの模型で同じ理由で失敗をし、のちに、ライトプレーンと室内機一グラムの中間の二グラムの機体の二重反転翼で成功した。十メートルぐらい高く、横に三十メートル移動した。

「『それから、いまのより旧式の飛行機も見て来ています』

って」

：　どういう機体でしたか？

「『もっと小さな機体で、機体の先端で、小さい翼が回転しているものです』って」


小さい翼というのはプロペラのことだが、私自身もやったが、模型飛行機Ｗａｋｅｆｉｅｌｄ国際競技級では、直径五〇センチ、幅五センチのプロペラは、「回転する小翼」という意識でやっていたが、社会的に、小翼とは表現しないから瞬間的にレオナルド・ダ・ヴィンチの言葉を理解できなかった。プロペラというＷＯＲＤが、レオナルド・ダ・ヴィンチの脳内記憶にないことになる。

もし、宇宙存在的なオリジンが来るなら、一気にプロペラとかローターとか表現されるのであろうと思う。ここに、レオナルド・ダ・ヴィンチの思考中の状態が、その断片が、ある単語知識のミッシングによって、かえって、水槽内に泳ぐ魚群を見るように、知能を観測できる。実験で他の人を呼び出した時も、それを感じた。

こういうのは、脳波を測定するより、思考内容計測には分かりやすい。


「『かなり前に軍用のも見ました』」

レオナルド・ダ・ヴィンチは、軍事用の道具類も考案していたから、関心を持ったと思われる。

：　いつですか？

「『ヨーロッパの戦時中です』」

私は推察した。レオナルド・ダ・ヴィンチは、その後、フランスとイギリス共同開発の超音速旅客機〝コンコルド〟も視た可能性は十分あるだろう。

ダ・ヴィンチの感想

：　こういうのをどう思いますか？
「『驚くべき壮大な実験をされていて、敬服しました。こういう実験は、世界で初めてじゃないでしょうか。そして、あなた方、ミセス・ハセガワと、そちらの男性はウォタシの先生なのです。そして、お二人は、ウォタシの恩人なのです』って」
：　これは意外です。どうしてですか？
「レオナルド・ダ・ヴィンチが云っているんですけど『エリザベス・ジョコンド婦人には、もう絶対に会えないと絶望していましたが、でも、思いがけず、おかげさまで今日、ウォタシのリーザに会えました』って。

『そちらで、ジョコンド夫人と、いろんなことをお話しあっているのを陰ながら見聞していて、間接的に、ジョコンド夫人に会うことができて、夢みたいでした。この上なく幸福でした』

って」

：じゃ、レオナルド・ダ・ヴィンチ先生は、モンナ・リーザに会ったことはなかったんですか？

「『そうです。ずっと会ったことなかったんです』

って」

：とても妙ですが、じゃ、いまも話さなかったのですか？

「『そうです。話しませんでした』

って。レオナルド・ダ・ヴィンチが、

『ウォタシがジョコンド夫人に最後に会ったのは、ルネッサンス時代に、そこの寺院の所で、肖像画を描いていた時で、それ以来、会うということはできなくて、一度も会ったことはありません。ウォタシの手記に、〝今後も続けるだろう、ある王侯の死をもって、ある后妃の肖像画の役割は終わる〟と記録したのは、〝自分の死を以て、ある肖像画の役割は終わる〟という意味です』

って。

『ただ、これはひねってあります』

って。

『役割は終わったというのは、モンナ・リーザの絵のことじゃないです』

って。

『別のほうの絵です』

って。

『そして、自分は、フランスで死んだから、いくらなんだって、もう、絶対に無理で、モンナ・リーザに会えるわけないから、その《モナ・リザ》をジョコンド夫人本人だと思って、ルーブル美術館に見に行っていたのです』

って。

『だから、役割は終わっていなくて、ウォタシは続けるだろうって、手記にも書いてあります』

って」

：　そうだったのですか
これは、何か、驚いた。はじめ、おずおずと、思い切って呼びかけ、レオナルド・ダ・ヴィンチに、尊敬しつつ質疑応答して、実験協力してもらい、有効と思える情報がGETでき、長谷川わかの特別な脳をテストでき、モンナ・リーザにも出会え、うまいと思っていたら、何か、立場が逆転しているみたいになっている、でも大いに相互に益を与えた。

「『おかげさまでモンナ・リーザと間接的にデートできました』

って、レオナルド・ダ・ヴィンチが。

『夢みたいでした……感謝します』

って」

そういう経緯があるから、柱のダンゴはシミではない。巾広い額でかぶせようとする場合があるが、バランスを悪くしないほうがよい。

こういうダ・ヴィンチの出現は、キリスト教の社会では許されないのだろうか。

こういう記録はまずいのか？　出現は、マリアやキリストや天使以外は駄目なのだろうか。とても心配である。長谷川わかにおいて、聖母マリア、天使長ミカエルも二天使を伴って出るのだが。

そして、長谷川わかには、キリストも出現するので、これ、もう、どうしようもない。

ジャンヌ・ダルクの〝声〟も、そうなのだけれども。**ソークラテース**も。

レオナルド・ダ・ヴィンチ空港

かなり後になって、一九九七年ごろ、私はバチカンの見学に行くことになり、イタリアの空港に降り立った。そこは、「**レオナルド・ダ・ヴィンチ空港**」となっていた。タイム・マシーンに乗ったみたいに、「？」と驚いたが、団体の旅行だから、ロジックで、心配しないことにした。猛烈に懐かしい気分がこみあげてきた。レオナルド・ダ・ヴィンチの記念物や若干の他の記念物があったが、空港名で満足した。

ローマの近くの空港は二つあり、一つがヒューミッチー空港で、レオナルド・ダ・ヴィンチ空港という別名になっているわけだった。レオナルド・ダ・ヴィンチは、IQは普通の人間には負けない。ボディ存在性、移動性もある。

レオナルド・ダ・ヴィンチは、かつて生きていた人間で、神でないから、個々人の運命のことは助ける能力はないが、彼の知っていることを教えてくれるという点では、助けてくれる。

モンナ・リーザも、天使や女神でないから（いや単にそうとも言い切れないところも大いにあるが）、聖人に列せられたジャンヌ・ダルクとは違うが、不思議なところがある。個々人のことは助けてくれないだろうが、彼女の知っていること、経験したことは教えてくれる。

レオナルド・ダ・ヴィンチ展

二〇〇七年、レオナルド・ダ・ヴィンチの展覧会が上野国立博物館で行われた。
「レオナルド・ダ・ヴィンチ――天才の実像
The Mind of Leonardo――The Universal Genius at Work」

二〇〇七年三月二〇日～六月一七日　東京国立博物館
主催　イタリアの春２００７実行委員会、東京国立博物館、朝日新聞社、ＮＨＫ、ＮＨＫプロモーション
特別後援　イタリア共和国大統領
後援　外務省、文化庁、イタリア外務省、イタリア文化財・文化活動省
特別協賛　日立グループ
協力　アリタリア航空、ＪＲ東日本、三井住友海上

《受胎告知》は精緻《せいち》で感心した。

天使の翼は、写真で見たのより、自然でよかった。この絵に関して一般論的に言うと、長谷川わかには出現者が、事実あのように視える。どの画家も、想像や観念で描いていたのだろうが、ダ・ヴィンチ自身も、そういう状態だったのだろう。一九六二年に立って出現し、長谷川わかと私と三人で立ったまま、スピークし、それで情報が得られた。

この展覧会の開催時も、レオナルド・ダ・ヴィンチは上野に来ていただろう。

展示のレオナルド・ダ・ヴィンチの字は思ったより小さかった。シャープペン的な万年筆は、私は努力して見たが、長さを目測しきれなかったから、当時、長谷川わかにも高輪で目測するのは難しかっただろう。

長谷川わかは、大筆での揮毫をやっていたから、長谷川わかの左手にボールペンを持たせれば、レオナルド・ダ・ヴィンチの鏡文字でも書いたろう、と思われる。

自動書記というのは、他動的に書かれたかどうか判定が困難だが、こういう鏡文字で書かれたならば、客観性は増えるだろう。


《スフォルツァの巨大騎馬像》は、特別室があって、馬の右足が人間の数倍も事実あり、驚嘆した。「それ、トロイの木馬ですか?」とやっていたのだが、一九六二年に、レオナルド・ダ・ヴィンチが相当に騎馬像に想いをかけ、事実を伝えていたということに驚いたという意味である。その巨大鋳造品は、できていれば、画期的だったそうである。

私は、せめて、この実験をしたという証拠を残したいと思い、そこの巨大馬の部屋におられた女性の美術担当官に、一九六二年に、長谷川わかによって、レオナルド・ダ・ヴィンチが出現して、《受胎告知》《モナ・リザ》《最後の晩餐》《スフォルツァの騎馬像》について解説した、ということをお伝えした。

レオナルド・ダ・ヴィンチは、巨大でまるい形の陵墓《りょうぼ》――円墳――も、当時設計していたといった。

第七章

ソクラテスの「メッツ」弁

ソクラテスがハセガワワカを実験する

ソクラテスの名を他のギリシャ人にも日本人にも読まれにくい文字で書き、カバンに入れ、長谷川わか邸に寄った。

高二の時、英語の教科書に「ソクラテスの死」のような章があり、先生は生徒に簡易劇をやらせた。ソクラテスは書きものを遺さず、弟子のプラトンが書いたと聞いた。だから、この実験は、プラトンがまぎれこむのを防ぎ、ソクラテス本人を呼び出して対話する。

：先生、私が今、出してもらいたいと思っている人を出してください

長谷川が祝詞《のりと》をあげ始めると、十五秒ぐらいでピタッと声が止まった。出始めたのかもしれない。

長谷川は上のほうを見上げたので、不思議に思ったら、すぐ前に接近して立って出ていたのであった。

「爺さんが、

『ハ～ラ～ガ～ヘ～ッタ～～！』

と云って出てきた」

と長谷川は言う。珍しい出方だ。

「この爺さん、垂れ目で、デップリとお腹が太っていて、頭が禿げ上がっている。まるで、うちのほうの八百屋のオッサンみたいだ。それで、鼻がつぶれている」

一瞬、石像の鼻が欠けているのかと考えた。

「小鼻が横へ広がっている。胸がはだけて、ベッドの上敷みたいのを引っ被っている。

『キトンキトンだ』

って」

キトンとは初耳だ。

「八百屋のおっさんは髭はないけど、この爺さん、髭いっぱい生えているわ。レオナルド・ダ・ヴィンチの髭よりは短いわね」

ダ・ヴィンチの髭は顔の長さと同じくらいであった。サンダルみたいのを履いているのかと思ったら、

「この爺さん、足は裸足です。あ、

『いつもハダシだった』

って云ってる。

『兵士の時、氷の上でもハダシだった。鍛えているんだ』

って。爺さん、お腹すいたんなら、ご飯食べるかい？　って聞いたら、

『ごはんというのは知らない。こういうのが欲しい』

と云って、白っぽいものを手で示した」

長谷川は私に、両手で小型のラグビーボールの形を示した。白い蒸しパンかな、と思い、近所のパン屋に走って、少しは似ているだろう、と思ってコッペパンを一個買ってきて、神前に供えた。その時ソクラテスの出現体と私の体がクロスするが、前に、モナ・リザからその時は透過する感じだと聞いていたので、神前に置いて、

：　Gさん、パンをどうぞ！

と言うと、

「『パンをありがとう』」

と云った。

私がコッペパンを買いに行っている間に、少し会話をしたという。
「爺さん、奥さんはいたのかい？　って訊いたら
『うん、いた。礼節のできたいい家内だった』
って。子どもはいたの？　って訊いたら、
『三人いて、上の二人は大きくて、下はまだ乳飲み子《ちのご》だった。一番上は青少年で、中の
は中間の年齢だった』
って。暮らし向きはどうったの？　と訊くと、
『初めの三回出征して軍の兵士に行っていた時から給料を貯めてあって、それでやって

いたんだ』

って。じゃ、毎日何をしていたの？　と訊くと、

『毎日、朝出て、人の集まる所へ行って、ずっと人々と口論していた。夕方家に戻って。ずっと収入はなかった』

って。それじゃ大変だったわね、と言うと、

『うん、貧乏だった』

って」

私たちは控の間に移動した。仕切りはない。ここは玄関から入るとすぐ左手の部屋だ。掘りごたつ的テーブルだ。
ソクラテスは神前に、さっきのまま立っている。長谷川には九〇％濃度で実在的に、そう視えている。
「爺さん、こっちまで来て、一緒にお茶を飲みましょうよ」
と長谷川が声をかけると、立っていた所から、畳の上を——長谷川の目から見ると普通に——歩いてきて、立ったままでいるから、長谷川が
「お座りなさいよ」
とすすめた。すると
「『立っているのが好きなんだ』

って」

お茶を淹れてすすめると、一度かがんで手に取って、立ったまま飲んだ、と聞いた。

「『日本のお茶はオイシイね！』

って」

飲んだというのに、当然ながら茶碗の中の量が全然減らないから、念のために尋ねると、

「『日本の香道みたいに香りを味わう感じなのです』」

と、長谷川がコメントした。


「爺さん、爺さん」

と、偉大な古代の哲学者の一人を呼んでいるのは、名前を教えない私の責任であるが、その辺は、長谷川は承知していて、私に質問することはしない。

：先生、今度先生が一人でいる時に出現してきたら、Gさんの名前を訊いておいてください
と、頼んでおいた。私から彼女にわざと教えないのは、直接に長谷川から本人に訊かせ、そのことによって、その相互の能力を客観的に実証できる、時空を超えてコミュニケーションできる二つの脳の実証である。

「わたしが一人でいる時、出てきたから、畳の上に立っている爺さんに、わたしのほうから訊いたんです」

‥ハイ
「爺さん、名前は何ていうの？　って訊いたら、

『ソーク**ラ**テースって言うんだ』

って云われたの。覚えられないから、佐倉惣五郎の惣、大石内蔵助の蔵、テースはどう覚えたらいいかな、と考えていると、わたしの〝神〟が
『この人は哲学に徹した人だ』

ってヒントを与えてくれたから、ソーク**ラ**テッツ、ソーク**ラ**テースって覚えたんです。ソーク**ラ**テースなんて長唄みたいに長い名前だわね。わたしの名前は長谷川わかって言うんだって教えて、ソーク**ラ**テースにあなたの苗字は何て言うの？　と聞くと、

『苗字はないんだ』

って。

『みんななかったんだ』って。そうなんですか？」

「ソーク**ラ**テースは着ているのがはだけていて、胸の所が白くて、生きているみたいに息づいていて、胸の血管が青く見えています。ソーク**ラ**テース、あなたどこに住んでいたの？

『ギリシャのアテナイだ』

って。ギリシャって、イギリスですか？

『いや、そっちのほうじゃなくて、地中海の真ん中だ。島ではなくて、半島みたいに海に突き出している所だ。イタリアに後ろ蹴りされているみたいな所にあるんだ。そこの、アテナィのポリスで、あちこち巡回していたんだ』

じゃあ、あなたは警察官だったの？

『ポリスって警察じゃなく、ひとつの都市で、一国家だ』

じゃ、日本なら東京都だけでひとつの国家だったっていう感じなのかな。アテナイって、わたし、青いインク瓶の〝アテナインク〟なら知ってますけどね。

『アテナィという発音は、アテナとアテニの中間の音声で、アテナイを速く言うと言えるんだ』

：　そうなんですか！

「ソークラテース、じゃ、アナタ、そこで街をあちこち廻って何をしていたのさ？　駐車違反取り締まりのアルバイトじゃないでしょうが、何か監視していたの？

『いろんな人の多く集まる所へ行って、人々と議論していたんだ』

それじゃ、ソークラテース、アナタ、ボランティアの大学の教授ですか？

『まあ、そんなものだよね。大学はないけどねワタシは兵士を終えてから、ちょっとだけ政治関連みたいなことをやって、次に本格的に政治をやろうとしていたら、〝メッ！〟っていうのに反対されて政治に参加するのを止めたんだ。それで街を巡って人々の集まる所で議論していたんだ』」

一九六三年七月二十二日にマニュアルの車で走っていてエンストし、バッテリーが上がり、ある家に一晩駐車を頼みに行った。この家が長谷川わかの家である。私が行くと、私の姿の3D像が三十分前に玄関に現れ、〝神〟が、『三十分すると、こういう人が来る』と教えたと彼女は言った。翌日、病理学者から実存哲学者に変わったカール・ヤスパースの『精神病理学総論』（上・中・下）を読んで調べたが、何らまったく、彼女におかしい所はなかった。

まずは実験と思い、七月二十四日にテストすると、

「『三十三年後に関西に大きな地震が来る。相当な被害が出る』」

と言う。詳しく極めていくと、

「『場所は神戸と淡路島だ。大阪の北部も少し被害を受ける。震源地は淡路島の北の沖の海底である』っておっしゃっています。あっちのほうの人、大変ね」

と言い、長谷川わかは青くなった。私自身、ストンと落とし穴に落ち込むように来たのだし、作為も何もない。確実度は九五％くらいに高いと思われた。

▽一九六二年七月二十四日

〝神〟の予言

阪神淡路大震災（当時、我々は神戸大地震と呼んでいた）の長谷川わかの〝神〟による予言。

▽一九六二年十一月三日
長谷川わかの人間としての予言
体内地震シミュレーション的に地震規模の程度を実感させられる。四十七士の墓が全部ふっとんでしまったくらいに感じ、手をのばしてよろける彼女を拳骨を横棒にした私の腕につかまらせた。

▽一九六二年十一月三日
〝神〟の神言
『いまのは長谷川の人間としての予言で、神はいましなかった』と上言語野で言った。

▽一九六五年九月十一日〜二十日
神戸地震予言の確実性証明のため発掘にトライした。発掘中の様子は一九六五年九月十五日の朝日、毎日、読売、日経、埼玉の各新聞に写真入りで出たが、公的人間のパニック等を恐れ、神戸市が対策する場合、妨げにならぬよう記者には地震予言の確実化という目的は言えなかった。

▽一九七六年ごろ
アークヒルズのプラン前に、東大地震研二名（一人は溝上恵先生）にも、六本木谷町の寿司屋にお招きして伝えた。

：　ソクラテス、現在の世の中では科学的でないといけませんから、「科学的証明付き」で一九九五年に神戸中心に大地震が来ることを国家や行政に伝えたいんですが、うまくいかなくて困っているんです！

ソクラテスにそう訴えると、

「『そういう大災害は大変だね……。自分はギリシャのアテナィで裁判にかけられて死んで、少し経ったら、また、生きているみたいになって、ずーっとそうだったんだ。それで空中の高い所を移動して視ていてたまたまベスビオ火山の大爆発を見て、その赤く燃えている溶岩の流れが、そこのふもとの街へ流れ入って、そこに住んでいた人たちは、実に悲惨だった』

って、そうソクラテスが云いました」

：　空中を移動していたって本当ですか？

「『本当だ』

って」

：　どこで見ていたのですか？

「『そこの街の空中の四～五メートルの高さの所から、惨事を見ていて、群衆を助けようとしても自分ではどうすることもできなかった』

って」

‥　それは何という街ですか？
「『ポンペイだ』
って。
『ポンペイはイタリア南部のナポリのそばにある』
って」

最近の言葉で分かりやすく言うと、ソクラテス自身、透明のドローン飛行体のようにスムーズに移動でき、注意力、視聴力も思考力もあり、感情もあり、火山及び、噴流の災害を視ていたのである。

長谷川わかには霊感で視え、聴こえる（霊視聴力と名づけた）。一般人には見聞できないから、偏透明人間というべきではあろう。


長谷川わかが一人でいる時、ソクラテスが自ら出現していて、テーブルの反対側の座る所に立っている。人間が3Dで立っているのと変わらない。九〇％濃度である。

長谷川わかは、ソクラテスにお茶をすすめて質問した。

「あなたははじめ、政治をやろうとして、〝メッ！〟しか言わない片言の神託みたいのに止められて、政治やるのをやめたって言っていましたが、日本の政治のほうは国会でやっているんだ」

と言うと、ソクラテスが
「国会って何だい？」

って訊くから、

「国会はここの東京の霞が関のほうにある国会議事堂で、日本各地を代表する議員が大勢そこに集まって講演して、日本の国の政治方針とか法律を決めるんだ。衆議院のほうと参議院のほうとあって、議員は選挙で決めるんだ。わたしたちも投票の時は、投票所へ行って、投票用紙で書いて投票するんだ」

あと分からないから、長谷川わかが黙っていると、ソクラテスが、

「衆議院って何だい？」

って訊くから、よく分からないから、

「あの、ちょっと待ってね。今、わたしの〝神〟に訊いてみるから。……あの、神様、いまソクラテスが
『衆議院って何だい？』

って訊いているんですけれど……」

「爺さんから聞かれたことを〝神〟に訊くと、頭の中で〝神〟が答えを教えてくれるから、その通りに真似して言ったんです。それから次に、

『参議院って何だい？』

って訊くから、これもそうやって〝神〟に教えてもらいながら答えたんです。そしたらいま、説明に出てきた言葉を、

『総理大臣って何だい？　内閣って何だい？』

って訊くから、これも同じように〝神〟に教えてもらいながら答えたんです。そしたら、

『ハセガワワカの〝神〟とのやり取りが手に取るように、目に見えるように分かって、とてもよい経験になった』

って、とても喜んでいたわね。

『タマゲルゾー』

ってまた言ってて」

「頭の回転のことなんだけど……」

と長谷川わかは言った。

「この人、ソクラテスのことですけど、とても頭の回転が速いんだ。普通、霊感とか神霊のことになると、一般の人々は拒否したり、バカにしたり、分かったようでも、うわべだけだったり、時間がかかるけど、すごくバカにして、でも情報の内容は超欲しいんだ。経営者たちは、わたしに重大問題を解決してもらってから、『オレは低能なのかもしれん』と発言した。この人は大昔の外国人なのに、そういうのが分かるのが素早くてパッパッと話が分かって、頭の回転がとても速いの。他のことは分かりませんが、こういうことで

は、日本でも一般の人のお手本になると思いますわよね！」

彼女が内容的に分からない所は、私が担当してキャッチしている。

このソクラテスは3Dの天然色動像で息を吸ったり、話す時に口や髭や手や体が自然に動いたりして、話す内容も思考もちゃんとしている。

出現者が独立で主体的に、自分の意志で出て来てスーパーAI的人間を実験したのだから、珍妙ですごい独立的客観現象である。

ソクラテスの裁判の実際

長谷川わかは尋ねた。

「ソークラテース、あなたは何で裁判なんかにかけられちゃったの？　悪いことする人には見えませんけどねえ。あなた、教育犯なのですか？」

ソクラテスは答えた。

「メレトスらに訴えられたのは、はじめよく子どもたちなんかでも自分の先生のことを『うちの先生は偉いんだぞ！』って他の友達に自慢するみたいなことがあるでしょう。この人は子どもじゃないが、カイレポーンという友人で、弟子の一人……そう言っても『君は弟子だ』ってきめたんじゃないけど、自分で勝手にワタシの弟子だって思っていて……その人が、はるばるデルフォイの神託を伺いに行って『ソクラテス以上に賢い人はいるか?』って質問して、『いない』って答えられられて帰ってきて、ワタシに一部始終を報告したんだ。ワタシから頼んだんじゃないんだ。カイレポーンの報告によると、神託は公開でやったんだ。デルフォイの巫女《みこ》が大勢見ている前で大きな声で話したんだ。さっき言った他に、『ソクラテスが一番自由で正しくて、節度がある』って言われたと言うんだ。こっちのほうは、自分で常々努力しているから自信はある。けれども、賢い人というのは、たくさんいるはずだ。ワタシが一番賢い人だなどということは、絶対ありえない。しかし、一方、神託が外れるということはないし」

ソクラテスは自分の「メッ!」というダイモニオンについて、六十五年間くらいテストしてきているから、その拡張版として神託を考え、また、周囲の人たちから、デルフォイの巫女の神託が当たっていることを常々聴いていたろうから、当時はよく当たっていたと思える。両データ蓄積によりかなり確信していたと思う。

巫女は寿命も優劣もあるから、事情を詳しく知っていないと、ソクラテスの言動を理解できないので、学術上、哲学研究上、脳科学研究上、非常に注意を要する。

また、巫女という生体スピーカーに、いかなる神や霊が、憑依してスピークするのか、厳しく審査する必要がある。日本では、これが審神者《さにわ》である。巫女は自分では完全に失神しているから、これに外側から質問する必要がある。デルフォイの社務所みたいな所で、神官が料金を取り、神に質問したい人たちから質問内容を聞き、整理して、麻酔作用のあるガスが地下から出ている所の三脚台の上にいる失神してアポロン神の入神状態にある巫女に近づいて、多くの伺う者が見聞きしている前で、順番処理で質問を為す。バッチ処理のため複雑なリアルタイム応答はできないと思われる。巫女は大声でアウトスピークする。

ソクラテスは、神託を、スピーカー（神）と巫女の機能を、固めてひとつのものと強く信じ込んでいたので、質疑応答は控えた。

「それで、万が一にも自分が何か他の人より優れた点があるとしたら何か、よくよく考えてみると、他の人は何も知らないのに知っていると思っている。自分は何も知らないが、知らないということを知っていることだと気づいたんだ。神託が嘘を言うはずはないので、確かめるために、アテナイで、知恵者として知られている人々を次々に訪問して対話してみたんだ。ワタシより賢い優れた人が絶対にいるはずだ。それで、実地に、確実に調べようとして、次々に、苦労してやっていたんだ。

でも、なかなか神託を否定できる証拠が出ないんだ。だから、熱を入れてやっていたんだ。一般公開でやったんじゃないけど、有名な相手と対話する時、周りに関係者の人々が立ち会ったり、自然に集まって来てやったから、訪問した優秀な相手の人がワタシの議論にやられると、本人も周りの人々も、そういうのが気に食わなかったのだろう。

なかなか、神託の内容に反証できる証拠が出ないので、努力して、どんどんやっていたから、世に広まって、多くの人に憎しみが増えたんだ。

それで、メレトス等三人に訴えられたんだ。ワタシは訴えられて、どう反駁《はんばく》すべきか検討を始めようとしたら『メッ』て言われたんだ。あ、これ、検討しちゃいけないんだ、裁判に出たら出たとこ勝負でやれってことなのか、と思って、それで、他のことにまぎれて忘れて、でも重要なので検討しようとしたら、また、『メッ』て注意されたんだ。それで、検討することは止めたんだ。

出廷は自由だけれども、国の召喚に従って裁判に行こうとしても家を出ようとしても『メッ』て言われないし、法廷へ向かって道を歩いていても、途中でも言われない。

裁判はいまのような様々な官制の裁判官は一人もいなくて、全員、地区に割り当てられた一般人のボランティアの裁判員が五〇一人だ。別に司会者みたいのが一人いて……この人は判決の投票権はないんだ……それが進行係をやって『告発者の弁論』や『被告への弁明』などをやらせて、採決は白黒の石で多数決の投票でやるんだ。奇数なのは投票が割れて採決不能になるのを防ぐためだ。

それで、裁判が進んで、ワタシの弁明する時が近づいて、何を言うか考えても、『メッ』て言われないし、自分の番になって、ちょっと言ってみても、こういう風な方向でやってみても全然『メッ』て言われないし、じゃ別の方向にやってみようと思って言ってみても、『メッ』て言わないし、それで、心の中で考えて、『自分ももう歳だし、やることもやったし、こうなんだから死ぬ時期だな』と思って死ぬことに決めたんです。よい弟子もできたし。

だから哲学上、国法上、どうとか、主義主張や思想を貫くとか、悲愴な決意をもって一貫して死ぬ覚悟をしたということはなくて、ただ、楽々と死ぬことにしたんです」

ソクラテスを長谷川わかは通弁した。そして、私が何か言おうとすると、

「わたしと同じね」

と長谷川わかは言った。

「わたしの〝神〟に『お前は子宮筋腫になったからすぐ病院に入院して手術しなさい』と言われて、すぐ安心して入院して外科手術を受けたのです。何でもないわ。何でもないなんて言っちゃお医者さんに叱られるかもしれませんけど、私は安心して楽々と外科手術を受けたのです。だから、わたしは子宮が無いのよ」

ソクラテスは「メッ！」と反対するダイモニオンの反応を見ながらかつて弁明としてのストーリーを考えてやっていて、また、死ぬことに決めて、英雄的行為、国家への貢献などを人々に記憶してもらうことを言ったと思われる。国賓館で立派なご馳走を提供される名誉に値するなど。内容が荒れたり、高飛車なセリフを吐いたのは、そういうことからだ。

ソクラテスが著書をつくらなかった理由

：　言ってはいけないでしょうが、回りくどい哲学の議論を、劇みたいのじゃなく、「こうこうである」「こう思う」みたいな書き方で、ご自分でお書きにならなかったのですか？

「『自分では、詩を四つか五つ書いただけで、他は何も書かず、ずっと人々と議論に明け暮れていただけだった』って」

多分、はじめ政治をやるのを止めて、何を為すべきかを試行錯誤している時に、詩文をやってみたのかもしれない、と考えた。

そうかどうか訊いてみた。

「『そうじゃなくて、ワタシが死刑の執行まで牢獄にひと月いる間に書いたんだ』って」

今ここにギリシャ哲学研究者が来れば、何でも訊けるのに！　と思う。ただ、事前に哲学教授に連絡しようとしても拒否されるし、来れば、長谷川わかに知識やノイズを教育されてしまうだろうから困った。

現代の脳神経科医は、はじめから脳波をとるのを禁止した。霊感が通じなくとも、来ていれば、誰がしゃべっても、直接に出現者が目で視えて耳で聴こえる。答えるが、普通の人間には聴こえない。

それで、先方は長谷川わかみたいな、ちゃんと聴こえる人に託して言ってもらう。


：　内容はどういうのですか？

「『アポロンへの讃歌をつくったのと、アイソプスの寓話に韻を踏むように書きなおしたんだ』

って。いま、わたしの〝神〟が
『アイソプスの寓話は、お前が知っているイソップ物語である』

って」

：　じゃ、自分は死ぬから、息子たちにそういう子どもでもわかりやすい動物を擬人化しての人生訓みたいのを遺したのですか？　歌を歌って憶えられるように。たとえば、♪もしもし亀よ、亀さんよ、世界のうちでお前ほど……みたいに？

「『そうじゃないんだ』

って、ソクラテスが云いました。

『これは自分自身の問題なんだ』

って」

：　長谷川わか先生、いまどこで聴こえていますか？（確認）

「わたしの耳に、ちゃんとソクラテスの声が、普通の人が話をするように、聴こえていますよ。ちゃんと生きているみたいに、ここの掘りごたつのテーブルのわたしの前に立って視えています。あなたみたいに等身大です。八百屋のオッサンみたいに重量感もカサ（3D）もあって。

『〃メッ！〃と言って、わたしの言動を止めさせるのと別に、大人になって、あなたが言ったボランティアの教授みたいのを始めたころに、夢をよく見ていたんだ。夢での様子はその度に異なるが、ただ、〃ムーサーをやれ！〃っていう一貫した内容の夢を見ていた』

前にいた会社の隣の課にいた武者《ムサ》さんを想った。彼は活動や話し合いの記録係だった。武者修業みたいにやっている議論を記録せよ、という意味とヒラメイた。しかし、勝手に関係ない日本の自分の環境と結び付けるのはよくないので様子を見る。

『それで、ムーサーは幅が広いが、その中で哲学が一番上だからと思って、それも書いた書物からは生きた哲学が生じないから、人との生きた議論が大切だと思って議論そのものに集中していたんだ。

そうしてみても、同じ夢を見るので、それは、いまやっていることに夢が賛成していると思ってやっていたんだ。〃メッ！〃と反対に』

あの、これ、長谷川わかのわたしが言っているんですけど、いま感じているのを言いますと、学校の運動会なんかで、鉢巻してマラソンみたいに走っていて、『いいぞ、いいぞ、その調子、フレー、フレー』って応援されているみたいにね。

『それで、死刑で死ぬけど、約ひと月間があるから、その間に自分の生涯を振り返ってみたんだ。すると自分のやってきたことは完全に跡形なく消えてしまっている』って」


文芸《ムーサー》は、時代や地域や文化環境によって違うが、哲学、文学、叙事詩、抒情詩、讃歌、音楽、演劇、舞踊……等を含むという。吟遊詩人の竪琴を弾きながら、ホメロスの〝イリアス〟〝オデュッセイア〟を唱うのもある。ホメロスは紀元前八世紀の人（霊感詩人とみられる）だが、古代ギリシアにおいても、それのミニ版の詩人もいた。ソクラテスはその存在を固く証明していたから。

関連してソクラテス裁判に及ぶと、優秀な詩人作家といえば、必ず神来的、憑依されて作詩&唄うなどする（ホメロスのように）と、ソクラテスは確知している。それは、他者によるもので、詩人、作家本人は、真実上で、プアーであるとし、人々の反感を買い死刑に導かれる工程となる。

優秀な政治家のトップなどと議論して、政治以外の善や美のことで、追い詰めてもそのまま同類の党派の人々から憎悪されて、死刑に追い込む。弁論家も同様。

有名な建築デザイナー、壺などの美術工芸家を議論で（工芸技術などの専門以外の議論、善・美など）で相手をダメにすれば、関連する建築業、商工業者が儲からなくなるから憎悪するのは当然だ。死刑に追い込む。

「『神託の憑依テストを、フレーフレーと応援をされていると思って、やっていた。そういう時、〝メッ！〟とは言われなかった！　それで、夢でムーサーをやれと云われていたから音楽《ミュージック》をやろうとしてアポロン讃歌をつくり、次にアイソポスの寓話に韻を踏んで、節を付けて唱えるように書き換える作業をして四篇やった。やっているうちに、何もわざわざ物語を韻文化しなくとも自分のやった哲学の対話をそのまま音楽のないオペラにしておけば、死んだ文字列でなく、読む哲学そのものが発生する。

　何度も見た〝ムーサーをやれ〟という夢はそういう意味だったんじゃないか？　自分の対話そのままに書き残しておけばよかったんじゃないかって思い直してゾッとした』んだって。

『だけど、もう記録する時間もないし、死ぬ直前だ……。

それで、看守の差し出す毒人参を飲んで死んだんだ』

って」

プラトンに会いに

：それは、大変なことでした！

ソクラテスは云った。

「『ワタシは看守の差し出す毒人参を飲んで死んで、少しして妙なことに、また生きているみたいになって、弟子のプラトンの所に行ってみたんだ』

って」

：　そうですか！

「『プラトンの行動がちゃんと目で視えて、耳で聴こえるんだ。プラトンのそばへ行って話しかけたら、不思議にも向こうは聴こえないんだ。大声で云ってもダメなんだ。体に手で触れても、身体を揺らしても感知しないんだ。

だから、向こうは分からないけど一方的に視ていたんだ。

プラトンはワタシの所へ来る以前は、格闘技の選手だったんだ』

これは、プロレスみたいのね」

と、長谷川わかはコメントした。プラトンがマットでレスリングしているのが彼女に視えていて、胸巾の広い人だと言った。

「『プラトンという名は、その時の選手名で、そのまま使っている』

んだって。

『プラトンは、ワタシの死後、難を避けて、シャラクサイいった』

って」

プラトンのことで、私が余計なことを訊いているからかと思って非常に気にした。シチリア島のシラクサで、古代名はシュラクサイと云っていたことが後に分かった。

「『そこの場所で落ち着いて、ワタシの裁判のことは、死ぬ前に牢獄の中で哲学の議論をしていたことも書いてくれた。

その後、アテナィでのワタシの弾劾のほとぼりが冷めてから、プラトンはアテナィに戻って、ワタシが生前にいろんな所で議論していたことを書いてくれた。そういう議論の時、プラトンは、その場その場に居合わせたから、主流は間違いなく記憶して書いてくれたんだ』

と云っています」

プラトンが難を避けてシラクサに行ったことは公にしなかったのだろう。シチリア島には三回、旅行したと記録されているが、第一回目がソクラテス死刑、紀元前三九九年よりかなり後に離れてずれているから、第ゼロ回目逃避行もあったと思う（計四回）。

：ところで、プラトンは、ソクラテス先生の議論の通りに曲げずに書いてくれましたか？

「『ワタシの議論の通りに、根本は変えずに書いてくれた』って」

：何で分かりますか？　死んでからじゃ分からないでしょう？

「『プラトンが草稿を書いているのを読めて分かるんだ。死んでいても記憶力、読書力、考える力はあるんだ。ただ、自分じゃ、書いたものを持ったり触ってめくれないから、開いているところを見るんだ。こっちは時間はいくらでもあるから、そういう時や書いている時に見るんだ。声に出して読むか、内容を言ってくれれば聞こえて分かるんだ。それで、プラトンに〝そうだ、その通りだ〟と言っても、〝こっちはこうだ〟と言っても、〝大筋合っていてよく書けている〟と言っても、まったく知らんぷりだ。これはハセガワワカのように中継してくれる人がいないから、やむを得ないって」

：考えにくいことですね。ソクラテス先生が確信するくらいの優秀な巫女が古代ギリシャにいたんですから、また、霊感で詩作する詩人、作家も、ソクラテス先生が、身をもって、逆説的に証明したように、神来的に、被憑依的に、やる人が大勢いたんでしょうから、長谷川わか的な人が出てもいいと、絶対的に思いますけどね！　長谷川も神来《しんらい》で唄って踊った。

「『そして、プラトンの書き物について。ワタシは巡回するように、そういう関係の人の集まる所に行って、プラトンについての評判を聴いていたんだ。だから細かい所は別にして、根本は間違いないんだ』って、そう云いました」

：ソクラテス先生はプラトンに自分の議論について記録してくれと頼みましたか？

「『それはまったくしていない。彼には彼の為すべき哲学がある。ただ、もし、ボランティアの教師として、弟子を教育し、影響を与えることができなかったら、教師失格だ』って」

：　分かりました！

「『今回、半神のような長谷川わかとその〝神〟の力とそちらの人の力で呼んでくれて、あなたがたと面談して、こうしたことをお話できて幸に思う。プラトンも世界中の哲学者も、誰も分からないだろうが、今もこうして自分の意志で日本のここへ来て、いまもこうして自分で見聞して、こちらから話したことを訊いて理解していただき相互にお話しし合えることは、すばらしいことだ』って」

：　ソクラテス先生、私は、よい意味でですが、プラトンを絶対的に避けて、先生に直接出逢って面談したいと思って、今回やったのです。分からなかったことが分かってとてもよかったです！

「『プラトンは努力してよくやったと思う。弟子自慢になるが、賞賛する、感謝する』って、ソークラテースが。いま云いました。

：　プラトンの講義は見たり聞いたりしましたか？

「『うん。何回か聞いた。とてもいい講義内容だった』って。

『アリストテレスもこの学校の生徒にいて、この人も、後にアテナィに学校をやって講義した。この人は哲学や文学、芸術、政治の他、生物学など幅広い分野でやっていた』って」

アリストテレスのちょうちんはウニの歯みたいなものだ。

「『彼は、当時の有名な詩人を調べるために自分で出かけていって、非常にいい詩をつくる人だが、作詩している時に行ったのではないので、その人は、何を訊いても腑抜けみたいに分からなかった』って」

：　そういう人は、そういう特技の人として、それでいいのではないですか。人間は全方位完全というわけにはいきませんから。ただ、先生のご意見のように、よい所はよいが、欠けている所を欠けてないと信じていばるのは間違いですけれども！

この実験は、プラトン等が介入するのを防いで実行したので、これまでとする。他の研究者がこれらの人を追実験ないし実験してくれることを希望する。プラトンやアリストテレスを呼び出すことも容易と思われるが、私たち自身がそれをやると、フィードバック的にソクラテスのリトリーブにノイズを混入してしまうのを恐れた。

それに、神戸地震予言証明のためのミイラ発掘の実験も差し迫っているので……。ジャンヌ・ダルクも出ているので……。

1962　筆者、初めて長谷川わかに逢う。

長谷川わかの〝神〟、神戸大地震を予言。

長谷川わか、神戸大地震（阪神淡路大震災）の規模を実体感。

14～15秒で四十七士の墓石がすべてすっ飛んだと感ずる。

長谷川わか・筆者、忠臣蔵赤穂事件当事者全員、出現スピーク。キラではない真の敵もウォッチ&リッスン。

長谷川わか・筆者、ボッティチェリ《ヴィーナスの誕生》出現内心をリッスン。

長谷川わか・筆者、ダ・ヴィンチ、モナ・リザ出現スピーク。


1963　長谷川わかの〝神〟、ケネディ暗殺を予言。

長谷川わかの〝神〟、東西ドイツの統合を予言。

長谷川わか・筆者、マルクス出現スピーク。マルクスが冷え切った暗い所にいて護摩を頼む。

長谷川わかの〝神〟、ソ連崩壊を予言。

長谷川わか・筆者、イエス・キリスト出現スピーク。

1964　長谷川わか・筆者、ソクラテス出現スピーク。ソクラテス、長谷川わかを実験。
長谷川わか・筆者、ジャンヌ・ダルク出現スピーク。

1965　長谷川わか・筆者、埼玉県入間郡を発掘調査。ミイラ二体を、長谷川の霊視により、川越野戦の時の戦国武将上杉朝定らと判明。旧文部省4階の埋蔵文化財保護委員会に神戸大地震の確実度調査のための発掘を申し出るが、却下される。

1976　筆者、東大地震研究所の溝上恵先生らに、神戸大地震について伝える。

1980　筆者、オウムの流行により、変に見られるのを恐れ、地震研究、行政への通報を阻害される。

2011　筆者、東日本大震災を確知、原子力行政連絡うまくなく苦渋。

長谷川わか・白石秀行　事件ファイル

年	できごと
1887	長谷川わかの祖父が御岳山頂にて「孫として水戸黄門の生まれ変わりで霊感のある子を授かりたい」と、お百度参りをする。
1889	長谷川わかの母、逆子の難産で母子ともに命が危うく、胎児を刻む時、通りがかりの行者の九字によって逆転。10日後無事出産。
	〈長谷川わか幼少期〉米やみそなどを近所の貧乏な家に配ったり、弁当を持ってこられない子に弁当を与えた。情深かった。
	〈長谷川わか青年期〉見合い結婚後、夫の浮気に悩み体調不良で死にかけて、住吉三神の霊感師の石川先生のもとで祈る。
1932	長谷川わか、イタリア人オペラ歌手に憑依され、オペラを唄う。
	長谷川わか、理学部卒の警察署長と８時間フルに対決する。
1933	長谷川わか、50日間の完全断食、神よりアウトスピークで自分の知らないことを50日間教えられ、聞いて学習する。
1938	長谷川わか、自宅上空に聖母マリアが悲しそうな顔で出現するのを視る。第二次大戦の開戦を予言。
1939	長谷川わか、警視庁試験を受け「霊感占業」の鑑札を受く。
1940	長谷川わか、自宅上空に大天使ミカエルと従う天使二人が半年間出現。太平洋戦争の開戦を予言。
1945	長谷川わか、自宅の天井下30㎝にＢ29が飛来し、ピカッと光ってドンと音がし、きのこ雲が出現。広島・長崎の原爆投下を予言。
	長谷川わか、軍用機の扉が開き、黒メガネの軍人がパイプをくわえて出て、金属製の階段を降りる姿を視る。終戦を予言。
1946	長谷川わか、GHQ宗教指導者再教育。御嶽教（旧神道霊感派）助教授に任ぜられる。100人の応募者から合格者20名のうち、10番目で通過。

おわりに

今年はダ・ヴィンチ没後五〇〇年という記念の年です。

彼をきっかけに世界三大聖人のうち、キリスト、ソクラテスの二聖人に接しました。

長谷川「ソクラテス、アナタの仕事は何だったの？」

ソクラテス『ＩＴ《アイティ》……ＩＴ《アイティ》……』

「あら、どこか痛いんですか？　心配だわねえ。私の霊感で治してあげようか？」

長谷川わかの〝神〟『アイティーと云っているのは、痛いのではなく、ＩＴ（情報技術）でもなく、愛知、哲学のことである』

「ソクラテス、アナタの神は不思議な神だね。口がきけないのかしら？」

『そうだったんだ、禁止するだけだった』

「それじゃ、幼児が熱いヤカンに手で触ろうとして火傷するから、お母さんが〝メッ！〟って注意するのと同じじゃないの！」

『日本でも駄目っていうのを〝メッ！〟て言うのかい？』

「そうよ」

『不思議なこともあるものだね。ワタシのいた古代ギリシャは時間的にも距離的にも、日本から遠く隔たっているのに、偶然に言葉が同じだね。タマゲルゾー！』

昔、中国の僧〝光《こう》〟は般若心経を看《み》て超然として得るところがあるとして、八年間昼夜座禅しました。そこへ神人《しんじん》が現れて、『お前は悟りを求めているが、それならなぜこんな所に留まるのか。南へ行け！』と云い（トーキング・ダイモニオンというべきか？）、インドの釈迦《シャカ》が大見性《けんしょう》（成道《じょうどう》）して伝え、第二十八祖の達磨大師《だるまだいし》は伝法のため、中国の少林寺に来られていて、その達磨への道を通じました。大師のもと、さらに八年以上座禅して遂に悟り、これにより中国に本物の悟りが五十祖を超えて定着し、日本からも悟りを得るべく行って、栄西、道元らが本物を伝えました。それまでは経《きょう》と儀式《セレモニー》だけでした。

神人は恩人で、恩恵は欧米にも及んでいます。フランスの青年技術者のマニュエルは来日して有数の僧堂で座禅努力して三年間悟れず、空しく帰国するところでした。最後の最後に石黒法龍《ほうりゅう》老師の指導に合い、そこへ私が呼ばれ、ともに座禅して彼を勢いづけました。彼はその後ついに悟り、「欧米人最初の見性者」として日経新聞に大きく出ました。

私は高二の時、学友が禅寺へ通うのを知り、そんなの駄目だと思い、独りで自室で六ヵ月座禅し、自己・世界を分からない脳と呼吸を憎み、厳冬に板の間に寝（臥禅《がぜん》）、五月早朝に近郊の渓谷を一時間登ったところ、自分が完全にいなくなり、世界も社会も宇宙も時間もなくなってしまい、その何もないやつが本来の自分であると気が付きました（無師独《どく》悟《ご》）。その後正式に参禅し、見性は三回証明を受け、悟後修行中。

ソクラテスが室内でも立っていることを選んだのは、ダイモニオンの〝試みさせ〟だったのではあるまいか（立禅《りつぜん》）。

：　古代ギリシャにも美術はあったのですか？
「『うん、あった。絵はワタシも仲間と美しいモデルを描いている所を訪問して見せてもったんだ。モデルとも話をした』」
：　オリンピックはありましたか？
「『うん、あった。オリンピックは競技者全員、ハダカでやっていたんだ』」
：　あの、ヨーロッパにルネッサンスと言われる時期があって、古代ギリシャ・ローマの学問・芸術・文化を復興していたんです。
《ヴィーナスの誕生》を描いたボッティチェリや、《最後の晩餐》を描いたレオナルド・ダ・ヴィンチと是非話してみてください。後者には頼んであります。彼は広く関心があり、我々の実験台にもなりました。ボッティチェリも《要領よく》希望しています。

当実験のＯＵＴＰＵＴを可能にしてくださった講談社エディトリアルの吉村弘幸様、藤井玲子様に御礼申し上げます。

白石《しろいし》　秀行《ひでゆき》

二〇一九年（令和元年）十月二十二日　即位礼、正殿の日

「タマゲルゾー！」はギリシャ語であることを後に知った

白石 秀行 しろいし・ひでゆき
技術士（情報工学部門） 文科省科学技術庁資格（情報コンサルタント）
一九三二年東京生まれ。千葉大学文理学部で物理学、経済学、哲学を履修後、製造工業会社へ入社。勤務と平行して東京都立大学理学部数学科に学士入学。応用数学、人工知能、理論物理学を学習研究。一九六四〜九二年大手コンピューター会社に勤務。一九六四年東京オリンピック大会競技技術員、一九七四〜八〇年北里大学医学部非常勤講師として、脳とコンピューター、医学のためのコンピューター応用について教鞭をとる。二〇〇〇年前後に東京工業大学大学院にて脳システム、人工知能、バーチャルワールド等の知識更新。
著書に『超特別脳長谷川わかの霊視検証』『超脳霊視聴 忠臣蔵 松の廊下（上）（下）』（たま出版）など。論文に「自動化機械制御システム開発」「企業意思決定システム」「生産管理システム」「地震対策1977」など多数。

ダ・ヴィンチ キリスト ソクラテス
出現《しゅつげん》スピーク
via《ヴィア》 世《よ》にも珍《めずら》しい長谷川《はせがわ》わか

二〇一九年一二月一四日 第一刷発行

著者 白石《しろいし》 秀行《ひでゆき》
発行者 堺 公江
発行所 株式会社講談社エディトリアル
郵便番号 一一二-〇〇一三
東京都文京区音羽 一-一七-一八 護国寺SIAビル六階
電話 代表：〇三-五三一九-二一七一
販売：〇三-六九〇二-一〇二二

印刷・製本 豊国印刷株式会社

定価はカバーに表示してあります。
落丁本・乱丁本は購入書店名を明記のうえ、
講談社エディトリアル宛てにお送りください。
送料小社負担にてお取り替えいたします。

ISBN978-4-86677-048-2

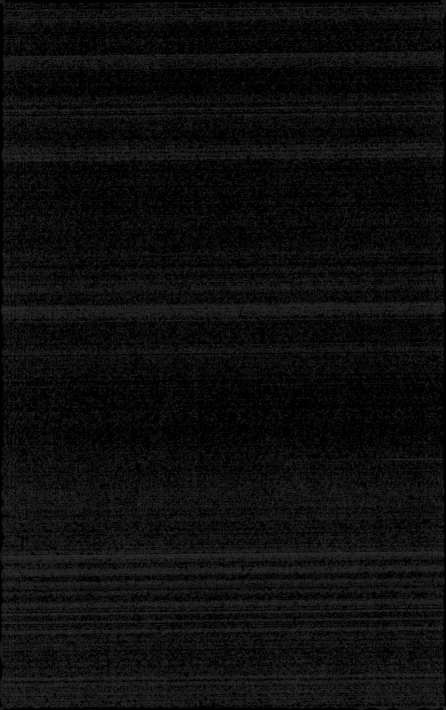